中国传统儒家伦理思想研究

任爽 著

辽宁大学出版社 | 沈阳

图书在版编目（CIP）数据

中国传统儒家伦理思想研究/任爽著. --沈阳：辽宁大学出版社，2024.6.--ISBN 978-7-5698-1641-9

Ⅰ.B82-092；B222.05

中国国家版本馆 CIP 数据核字第 2024EG6758 号

中国传统儒家伦理思想研究

ZHONGGUO CHUANTONG RUJIA LUNLI SIXIANG YANJIU

出 版 者：	辽宁大学出版社有限责任公司
	（地址：沈阳市皇姑区崇山中路 66 号　　邮政编码：110036）
印 刷 者：	沈阳市第二市政建设工程公司印刷厂
发 行 者：	辽宁大学出版社有限责任公司
幅面尺寸：	170mm×240mm
印　　张：	13.75
字　　数：	210 千字
出版时间：	2024 年 6 月第 1 版
印刷时间：	2024 年 6 月第 1 次印刷
责任编辑：	于盈盈
封面设计：	韩　实
责任校对：	吴芮杭

书　　号：	ISBN 978-7-5698-1641-9
定　　价：	48.00 元

联系电话：024-86864613

邮购热线：024-86830665

网　　址：http://press.lnu.edu.cn

目 录

第一章 儒家德治思想 ································· 1

第一节 中国古代德治思想的历史演变 ················· 1
第二节 对中国古代德治思想的评析 ··················· 15
第三节 当代中国社会治理中的道德问题 ··············· 22
第四节 德治思想对当代中国社会治理之启示 ··········· 28

第二章 儒家教育思想 ································· 36

第一节 儒家教育思想的产生与发展 ··················· 36
第二节 儒家教育思想的基本内涵 ····················· 47
第三节 儒家教育思想的主要特点 ····················· 58
第四节 儒家教育思想的当代价值及启示 ··············· 59

第三章 儒家经济伦理思想 ····························· 80

第一节 儒家经济伦理的基本内涵 ····················· 80
第二节 儒家经济伦理的产生和发展 ··················· 83
第三节 儒家经济伦理思想的主要内容及基本特征 ······· 92
第四节 儒家经济伦理思想的当代价值 ················· 110

第四章　儒家民本思想 120

第一节　儒家"民本"思想提出的背景 120
第二节　儒家民本思想的发展历程 124
第三节　儒家民本思想的主要内容及特征 130
第四节　儒家民本思想的历史价值及当代启示 138

第五章　儒家孝道伦理思想 151

第一节　儒家传统孝道伦理概述 152
第二节　儒家传统孝道伦理的价值分析 163
第三节　儒家传统孝道伦理的当代转化 168

第六章　儒家伦理思想的当代价值 186

第一节　儒家伦理思想产生的历史条件 186
第二节　儒家伦理思想的核心内涵 188
第三节　先秦儒家伦理思想的基本特征 198
第四节　儒家伦理思想的当代价值 206

参考文献 214

第一章 儒家德治思想

第一节 中国古代德治思想的历史演变

研究古代德治思想，首先应该弄清楚什么是"德"，什么是"德治"。从"德"字的形体结构来看，古有"通衢道路"之意，所行之"道"为"直"道，即为"德"，即"德"就是走直道，做正直之事，怀正见之心。从字义上讲，"德"字有两个基本含义：一是"天道"的含义，即自然之道，指事物从"道"所获得的特殊规律或特性，如《老子·五十一章》中说："道生之，德畜之……万物莫不尊道而贵德。"老子认为"德"是万物发展的根据。韩非也认为德是道的表现，《韩非子·解老》中曰："道有积，而德有功；德者，道之功。"二是"人道"的含义，指行为规范之道之正当途径、道德、品德等。此含义在周朝已经出现，而且周代统治者非常重视德。周人认为，王者的道德行为是其统治的根据，如《尚书·召诰》中指出："肆惟王其疾敬德？王其德之用，祈天永命。"意思是，"现在的希望是大王能够赶快敬修自己的德行，王啊！只有根据道德行事，才能祈求天命的长存。"春秋以后，德字更加被大量使用，后来人们将"道"与"德"并列使用，认为二者的字义可以相通。

而所谓"德治"，指的是主要靠统治者品德的影响力、良好的社会教化及爱利民众的政策而推行的政治。在这种政治条件下，社会的统治者通常都是道德的先觉者。他们靠自己对社会之道的领悟、靠爱利民众的行为、靠对大众的教育熏陶来赢得民众的心，确立自己的政治地位和权威，以期保持良好的社会秩序。

我国古代德治思想萌发于原始社会末期，成型于周朝，真正形成理论体系却是在春秋战国时期，并在汉朝因"独尊儒术"而得到了确立。该思想在魏晋南北朝时期曾被质疑和批判过，到了唐宋时期得到了更进一步的发展与强化，在宋明时期，儒家吸收佛教和道教的思辨理论而形成新的儒家哲学体系，作为其核心的"德治"成为统治社会和国家的最有力的工具。到了清朝，由清朝统治者再次启动儒家的德治方针，实现了德治的兴盛和繁荣。直至封建社会末期，中国的有识之士们才开始客观地对德治和中国传统文化进行全盘地反省和批判。进入近代以后，西学东渐使得中国传统的伦理道德受到了严重冲击，以致德治有了进行现代化转型的萌芽。

一、中国德治传统的起源

中国的德治传统可谓历史悠久，源远流长。传说，中国在"五帝"时期就非常重视道德，当时的氏族和部落首领往往就是道德的楷模。在确切的文字记载中，尧无疑是以道德化治天下的最早、最高典范。《尚书·尧典》中曾记载："曰若稽古，帝尧，曰放勋，钦、明、文、思、安安，允恭克让，光被四表，格于上下。克明俊德，以亲九族。九族既睦，平章百姓。百姓昭明，协和万邦。黎民于变时雍。"这段话既称赞了尧道德的高尚，又表明了其依靠个人道德而达到的政治上的实效。

总的来说，在上古时期，人们对道德在日常生活、政治生活中的作用的认识还不充分，还处于一种萌芽状态。德治思想理论化、系统化的时代，应该是殷周之际。商周之交，殷商的统治接近崩溃的边缘，人们开始反思天命与政权之间的关系，怀疑天命对于统治权的绝对必然性，进而在政治事务中融入道德的理性原则。商朝时期,汤以美德服人,得到了人民的拥戴和归顺。《尚书·仲虺之诰》中有言:"惟王不迩声色,不殖货利。德懋懋官,功懋懋赏。用人惟己,改过不吝。克宽克仁,彰信兆民。"意为大王您不亲近歌舞女色,不聚敛钱财。对孜孜不倦加强德行的人,提升其做官;对于勤勉不休,不断立功的人给予其物质奖励。在任用他人时像对待自己一样深信不疑,而在改正自己的错误时,态度坚决,不犹豫。用宽恕仁爱之德,明信于天下的百姓。到了西周时期,鉴于纣王无道导致的灭亡,西周统治者周公对夏商灭亡的教训进行了总结,提出了"以德配天""敬德保民"的思想。他指出,"自成汤至于帝乙,罔不明德恤祀。……罔不配天其泽。在今后嗣王,……诞淫厥泆,罔顾于天显祗,惟时上帝不保,降若兹大丧。"意思是说,过去自成汤到帝乙,历代帝王都修明德行,能以德配天。但后来的纣王,淫泆失德,上帝不再保佑他,故降下了灭商大祸。因而"天命靡常""皇天无亲,惟德是辅"。周公认为,天命不是固定不变的,是以德为转移的,地上的王哪个有德,天命就转向给谁。因此,在天命面前,人们不是无能为力的,通过自己主观的努力,修明德行,就可以争取获得天命。反之,如果淫乱失德,即使已有天命,也会被上天所废弃。从而得出了有德者必胜,失德者必亡的历史结论。因此,"敬德配天"的思想就成了周朝统治者实行德治的重要理论基石。

  值得注意的是,周公特别强调,敬德的目的在于"保民"。他认为,不保民就是违德,就是不敬天,就会失去天命。此外,他还要求统治者在"保民"的基础上,要做到"明德慎罚"。其中,"明德"要求统治者要注意自我克制,加强自我道德修养,而"慎罚"则要求统治者不许实施暴政,要爱护百姓。

  总之,周公对于西周的巩固发展起到了举足轻重的作用,同时对于整个中国思想文化的发展也有着不可替代的作用。在上古与春秋战国的先秦之间,他起到了一个承前启后的作用。他"以德配天""敬德保民"的政治思想为尔后儒家德治主义的产生奠定了理论基石。

二、春秋战国时期中国德治思想的发展

在春秋战国这个社会的大变革时期，思想、文化获得了多元的发展，诸子百家应运而生，下文分别论述不同人物各自的德治思想。

首先是孔子，他奉行德治的治国思想，认为，治理国家应重视对百姓进行道德教化，而德治与法治的最大区别就在于"道之以政，齐之以刑"，只能使"民免而无耻"；如果"道之以德，齐之以礼"，就能使百姓"有耻且格"。意思是说，治理国家要是用行政和刑罚手段来约束百姓行为的话，那么百姓会因为害怕而不敢做坏事，但他们却不知道犯罪是可耻的；如果国家施行德治，用礼来统一人们的行为，并用道德教化人民，那么就可以起到行政和刑罚所不能起到的作用，即会使百姓有知耻之心，并心甘情愿地去服从，以后也会自觉从善。孔子在区别德治与法治作用的同时，也看到了德治所产生的影响。他说："为政以德，譬如北辰，居其所而众星共之。"这就是说，当政者运用道德来治理国家，那就如北斗星光芒四射，其他众星都拱奉在其周围一样，必然会赢得百姓归顺，国泰民安。关于如何以德为政，孔子提出三个方面，即为仁与制礼、正名，其中前者为本，后者为辅。他认为，作为仁者，在消极方面要做到"己所不欲，勿施于人"，在积极方面要做到"能近取譬"，即凡事要以自身为例而想到别人。对于统治者而言，要想实行德治，就要本着一种利天下的精神，把百姓的生活作为关心对象，想百姓之所想，急百姓之所急，这样国家才能安定，才能团结。而且孔子还认为，为仁并不难达到，关键在于内心有没有这种要求，内心如果有这种要求，并努力践履，就可以实现仁。

此外，实行德治，除了仁以外，还要有制礼、正名。"礼"即周礼，他希望以行"仁"来复周礼，从而达到天下大治的目的。正名，也就是正礼，即确立具体的规范，要求人们都按一定的礼制规范行事，其核心是区别贵贱、尊卑、上下次序和身份地位。因为孔子认为，"名不正，则言不顺，言不顺则事不成，事不成则礼乐不兴，礼乐不兴则刑罚不中，刑罚不中则民无所措手足。故君子名之必可言也，言之必可行也。"其意思是，正名是礼乐的根据，只有正名了，才能使人民知道礼的内容，并引导使之知礼，再加以音乐的内在感情陶冶，使之自觉为之，化为行动，只有这样才能区别出行为之是非，而对恶行加以惩罚裁制。否则，在百姓不知何者为正何者为不正的情况下滥用刑罚，则百姓将不知所从。此外，孔子还常常把音乐作为德治的重要内容。在他看来，音乐的形式以及编制，不仅反映了是否遵从正名序礼的道德要求，而且具有陶冶性情，使人生升华到更高境界，从而自觉进德行礼的作用。以乐兴德，孔子将其视为为政之要事。

孟子则与孔子不同，他主张"施仁政于民"，把能否实行仁政视为国家兴衰的根本。他说，"三代之得天下也以仁，其失天下也以不仁。国之所以废兴存亡者亦然。天子不仁，不保四海；诸侯不仁，不保社稷；卿大夫不仁，不保宗庙；士庶人不仁，不保四体。"意思是说，"仁"是上到国家，下到黎民百姓赖以存在的基础，夏、商、周三代能够得到天下是因为实行仁政，失去天下也是因为不能实行仁政。国家兴废、社稷存亡、个人的立世都和它有紧密联系。那么，什么是仁政呢？孟子认为，"以不忍之心，行不忍之政"，是谓"仁政"，在他看来，行仁政与不行仁政的最大区别就在于，行仁政，"治天下可运之掌上"，反之，"不以仁政，不能平治天下"。意思是说，凭借这种同情他人的心理去施行同情别人的政治，治理天下就会像在手掌上运转东西一样容易，反之，如果不这样去做，那么就不能将天下治平。孟子认为，施仁政之所以可以"平治天下"的根本原因在于可以得民心，这点可以从桀纣的灭亡上看出来。"桀纣之失天下者，失其民也；失其民也，失其心也。得天下有道：得其民，斯得天下矣；得其民有道：得其心，斯得民矣"。

如果说孔孟德治思想可以用仁政来概括的话，那么荀子德治思想的核心是以礼治国。他强调的礼,这里指的是强制人们遵守的社会道德规范体系和制度体系。荀子以"礼"为核心的德治思想是以性恶论为理论基础。在荀子看来,人性本恶,表现在人有食色之欲,"好利""疾恶""有耳目之欲",这些本性如不加以节制,任其发展,后果将不堪设想。因此,荀子认为,人之性必须转向礼义,即所谓的"化性起伪"。需要注意的是,礼义和法度产生于圣人的人为努力,而不是产生于人的本性。总体上说,荀子性恶论的着眼点在于强调后天的学习与教化,力图通过加强教育来使人们靠拢于礼义,他认为如果能长期坚持这样做的话,可以达到"涂之人可以为禹"的目标。因此,主张实行以礼统法、礼法并举的德治政纲。荀子虽然反复强调礼治的作用,但并没有因此而忽视法治,在他的德治思想主张中,礼法常常是结合在一起的。他曾明确提出"故无礼,是无法。"即违背了礼,就是没有法度。但他也认为,法是从属于礼的,法的目的在于"公义明而私事息",即公理正义显明而图谋私利的事就停止了。他还认为礼义侧重于教化,法度侧重于行政措施,二者相结合,便可以使封建国家"合于文理,而归于治",即出现合乎等级名分制度的礼义秩序,从而导致社会安定。

与以上三位儒家代表人物一样,墨家代表人物墨子也提出了自己的德治主张,即尚贤、尚同、明鬼、天志。在政治问题上,墨子提出了"尚贤者政之本也"的主张,即治国的根本在于尊重推崇贤才。他指出,要打破奴隶主贵族等级制度,打破宗法的亲亲制度,不考虑人原来的出身背景,只要有贤能就重用他。即"虽天亦不辩贫富、贵贱、远迩、亲疏,贤者奉而尚之,不肖者抑而废之。"意思是说,原来贫贱的人,只要是贤能就将他上升为富贵的人,而原来富贵的人,假如不贤不能,就将其降为贫贱的人。如果"尚贤"的主张仅仅只要求当时的国君不分等级,举用贤才的话,那么"尚同"的主张则认为最高统治者的职位也应该由"贤者"担任。墨子认为,"天子"建立以后,应选择"贤者"将一国的"是非"标准统一起来,并使人民遵守该是非标准,做到"上之所是必皆是之;上之所非必皆非之"。由于"贤者"

之所是是兼爱，他之所非是不兼爱，所以人民的思想就都统一于兼爱了，因为人人都兼爱，所以天下就太平了。同时，墨子论证上帝和鬼神的存在是想警示当时的统治者，提醒他们要为百姓办事，要兴利除害，否则，上帝和鬼神将惩罚他，使他灭亡。这里实际上已暗含了统治者应实行德治的思想，因此具有一定的进步意义。

道家之创始者老子，在政治上提倡无为而治，即要做到两点：第一，劝统治者减少政治活动，主要指薄税敛、轻刑罚、慎用兵、尚节俭。第二，使百姓"去欲""去智"。在老子看来，只要统治者不苛求百姓，百姓又去欲去智，社会就会十分稳定，就是个大同社会。在该社会里，统治者只需用道德去教化百姓，使他们知道什么是对，什么是错，并坚持这样去做，那么社会就会如统治者所希望的那样去发展。这就是老子的无为而治思想，通过无为而治，进而实现他所谓的德治思想——用道德去教化百姓。

三、汉唐时期中国德治思想的确立

(一) 汉朝儒家思想统治地位的确立

汉朝儒家德治传统的确立有赖于儒学大师董仲舒，创立了"天人合一"和"三纲五常"的学说。

对于"天人合一"，董仲舒是从以下几个方面来论证的。首先，他认为人是天的副本，人的模样和天的模样一样。从形体上说，人有骨节，天有时数；人有五脏，天有五行；人有四肢，天有四时；人有视（醒）瞑（睡眠），天有昼夜。从人的感情意识来说，人有好恶，天有阴晴；人有喜怒，天有寒暑，而且最重要的一点是，人和天一样，都是有意志的。因为人和天具有相同的生理的和道德的本质，这就证明了天与人是合一的，天与人可以交感，天创造人是要人来实现天的意志。因此，人的行为符合天意，天就喜欢；违反天意，天就震怒。

此外，董仲舒还根据儒家的伦理思想提出了"三纲""五常"的学说。

儒家伦理道德思想讲君君、臣臣、父父、子子，讲仁、义、忠、信等，董仲舒在此基础上提出了"王道之三纲"，即"君为臣纲""父为子纲""夫为妻纲"，"五常"即仁、义、礼、智、信。他认为，"三纲"和"五常"都是天的意志的表现，三纲的主从关系是绝对不可改变的，五常则是用来调整这种关系的一些基本原则。董仲舒用"天意"来解释社会伦理道德，在三纲之上加上了"天"，用来论证三纲、五常的合理性和永恒性。这样就在君权、族权和夫权之上又加上了神权，为中国封建社会的四大绳索提供了理论根据。

"天人合一"和"三纲五常"学说中都提到了天意，但如果统治者违反了天意，会怎样呢？为此，董仲舒提出了所谓的"天谴"说。一旦君主滥用权力，有背天道，天就会给予责罚和谴告，而且通常以天灾的形式表现出来，所以被称为天谴说，又叫"灾异谴告说"。那么上天为什么要谴告人君呢？董仲舒认为，这是上天对人君的仁爱。《春秋繁露》上记载"天之生民，非为王也，而天立王，以为民也。故其德足以安乐民者，天予之；其恶足以贼害民者，天夺之。"意思是说，天生民不是为了王，而天立王是为了民。哪个人的道德能够使民得到安乐，天就立他为王；哪个人的罪恶会坑害民，天就会夺他的政权。然而，天把政权交给谁，那是不固定的，"无常予，无常夺"，唯德是辅。但是，人君如是稍有过错，上天不是马上就夺他的政权，而是先用灾异来表示警告，给他悔改的机会，如是他一意孤行，不听警告，那就叫他灭亡。这说明上天对人君还是爱护的，只要他肯对民施行仁政王道，上天还是会让他长期统治下去。在这里，可以看到董仲舒是在强调君主只有实行德治才能保国保身，否则，将亡国身亡。

（二）魏晋隋唐时期对名教的发展

由魏晋进入南北朝隋唐时期，外来佛教和中国道教的兴盛给中国思想史带来了深刻的变化。具体表现在佛教与道教的兴起与发展，改变了中国思想史的构成与进程，对中国的政治、经济，尤其对中国的思想文化产生了极为深远的影响。中国的民族文化，形成了以儒学为主的，儒、道、佛三者鼎立共存的格局。这三者在斗争中,相互磨合,互相影响,渐趋合流。在此过程中,一方面是佛教、道教不断向儒学靠拢而渐趋世俗化;另一方面是儒学不断从佛教、道教汲取营养,补充、丰富儒家的哲学与伦理思想。但是,由于经过长期积淀下来的传统的以儒家为核心的封建伦理思想早已渗透到人们生活的各个方面。

四、宋代中国德治思想的强化

自宋代起,我国封建社会进入后期,社会基本矛盾激化,民族矛盾日益突出,统治者面对封建制度的危机,加强了思想道德上的禁锢,君主专制统治不断加强,"理学"应运而生。"理学"伦理思想是在继承孔孟传统,汲取佛、道思想成分的基础上,给儒家思想以"理学"的思辨形态,从而把正统的儒家思想发展到最高阶段,使儒学重获"独尊"地位,标志着中国封建地主阶级正统伦理思想的完备和定型。主张"明天理、灭人欲"的程朱理学作为"理学"之正统,是后期封建社会的统治思想。同时,以"致良知"与"知行合一"为特点的心学伦理学也应运而生。

理学诸子把德治作为一项重要的政治原则,认为德治的内容主要有两项:第一,以礼治国。程颢、程颐和朱熹认为,礼是治理国家的基本手段,礼和德的关系应是,德是礼的根本,礼是德的制度表现。同时,他们认为,实现礼治的主要目的是协调社会关系、完善社会秩序、理清社会的等级关系,因为维护等级秩序是治国治民的前提条件。第二,以德修己。在理学诸子看来,天下太平与否完全取决于君主,君主的个人品行是治乱兴衰的根本,所以应完善君主的个人道德品行。对君主而言,"以德修己"就是要"正心诚意",通过修德以正心去实施仁政,在程颢、程颐和朱熹看来,仁政是最理想的治民政策。因为民为邦本,所以爱民就是爱君。因此,他们提出实施仁政就要善于"养民",通过"养民"来体现统治者的"爱人之心"。程颢、程颐认为,具体的养民之道主要有三条:其一,爱惜民力。统治者应尽量避免耗用民力，使民安于生产。其二，足食保民。不仅要满足人民的衣食之需，而且要保证人民有地可耕。人们只有在生活有了基本保障以后，才能做到修礼义、尊君亲。其三，省赋恤民。朱熹看到当时社会的官吏视民如禽兽、草莽，即使在丰收之年饿死的人数也比较多，于是他指出，应减免税收，禁止巧取豪夺。因为，"民富，则君不至独贫；民贫，则君不能独富。"所以他认为应建立社仓，积谷备荒，救恤贫民。

理学诸子主张实行仁政的根本出发点是为了缓和社会矛盾，解决百姓的基本生活问题。他们期待君主能"由己及人"，垂怜百姓，推广仁心以至四海。但是，当时社会矛盾很深，这样的政策或许只能停留在理论层面和向往之中了。

作为理学典型的代表人物，朱熹的主要观点如下。

他认为，人作为宇宙之间最具灵性、最伟大的动物，有着不同于他物之理。这个理称之为性，它分为"天地之性"和"气质之性"。所谓"天地之性"是指人在未出生之前，与所有事物共同具有的性，而人在禀气而生之后，随该物产生而产生，消灭而消灭的性，则称之为"气质之性"。在对人的二元之性进行细辨之后，朱熹揭示出人的道德本质，即由于人之气优于禽兽鱼虫草木，故禀理较全，而备仁义礼智信五常之性。

此外，由于禀受阴阳五行气质的不同，所以人与人是不同的。他将古今之人分成四大类：一类是最上等的圣贤或"生而知之者"，一类是"困而不学"、愚昧不肖之人，还有两类分别是"学而知之""困而学之"之人。

在天理与私欲的问题上，朱熹提出了"存天理、灭人欲"的思想。他认为，一个人的内心有两种活动倾向，一个称之为"人心"，一个称之为"道心"，人心是特殊的、具体的，为某个特定的人所有，而道心是普遍的，是公共的理则。因为人心总是会受到外物的引诱，无所主宰，流连忘返，所以要用道心去主宰人心，使人心不受外物的蛊惑，即在时时事事上都要存天理、灭人欲。

第一章 儒家德治思想

朱熹天理人欲之辨的目的，就是要维护封建社会的伦理秩序，消灭一切个人的不合礼教名分的行为和欲望动机，要求人们为封建阶级的整体利益和大局着想，以个人利益服从封建阶级的整体利益。

此外，在进行道德修养方面，他认为穷理、居敬二事是基本功夫。但在做此二事之前，还须立志。他认为立志是道德修养之本，同时也是一种人生选择。

最后，朱熹也提出了自己明人伦、育圣贤的道德教育思想。他认为，教育的目的在于讲明人伦道德，只有人人都明人伦、守人伦，才不会犯上作乱，封建统治也才能稳固。由此可见，朱熹所坚持的道德教育，实际上不过是为封建统治及其制度培养得力人才和顺民罢了。为了达到上述目的，朱熹主张社会中的每一个人都应该接受教育。

王阳明作为心学的代表人物，也提出其自己的主要观点。

首先他提出了"致良知"的自我完善的方法。在他看来，人在社会中生活，必然会受各种物欲、私利的引诱，从而使"良知"受到蒙蔽。"致良知"就是为了要除掉"私欲"，是恢复人的"本心""良心"的一种最重要的功夫。"致良知"实际上就是用先天的、与生俱来的"良知"，去体察那个已被物欲引诱了的"良知"。王阳明认为，为学的目的不在于学多少知识，而是为了体察、认识自己的"良知"。因为只有恢复或保持人们知善知恶的"良知"，才能使他们成为忠于国君的人、孝顺双亲、关心百姓、爱护国家财产的人，即成为忠君、孝亲、仁民、爱物的人。同时，他认为，要想达到"致良知"的目的，必须要做到格物致知。"格物"就是使自己的思想合于天理；"致知"就是要使吾心能恢复本然的"良知"，也就是封建社会忠君、孝亲的道德准则。当然，他在强调"致良知"的同时，也强调自我认识中的"省察克治"之功，即要求人们最大限度地发挥自己的主观能动作用，用先天就有的良知去清除任何已经萌动了的私心邪念。只要人们能将私欲完全克除掉，那么就可以达到圣人的境界，也就是"人皆可以成为尧舜"了。总之，王阳明认为,"致良知"是一种自我认识,是一种修养功夫,是以主体的能动性为特点的自我斗争。

其次,他提出了"知行合一"论。王阳明的"知行合一"论的主要特点是,强调实践中道德认识和道德行为的统一。他认为,为学的目的不是要去学习许多圣人所晓得的知识,而是要在实践的践履中,学习圣人的品德,提倡人们必须在实际的社会关系中以实际行动来学习"治民之仁""事君之忠""交友之信"等。

从以上对二人的介绍可以看出,他们在某些方面有着共同之处。首先,是对人欲、私欲问题的看法。朱熹讲求的是存天理、灭人欲,而王阳明是通过"致良知"的方法去除"私欲",这一点上二者都主张要对私欲进行清灭与根除,只不过朱熹是用道心去主宰人心,去消除私欲;而王阳明则是强调用先天的良知去体察那个已被物欲引诱的"良知",从而达到除去"私欲"的目的。其次,二者教育的目的是相同的。朱熹主张通过教育来使人们明人伦、守人伦,使他们不会犯上作乱,从而维护封建统治;而王阳明则是主张通过教育,去体认、恢复人们知善知恶的"良知",从而使他们成为忠君、孝亲、仁民之人。因此,可以说他们二者都主张教育的最终目的是要维护封建社会的伦理秩序,消灭一切个人的不合礼教名分的行为,维护封建统治阶级的利益。

五、清朝入关再一次繁荣儒家德治思想

清朝入关后,大力提倡实行科举制。科举制是一种自上而下的选拔官吏的方式,它的标准完全由中央确定,用人完全由中央取舍,这样可以充分确保地方上的用人自主权被中央完全剥夺。

清代科举制的考试标准被定义为:"有清科目取士,承明制用八股文。取四子书及易、书、诗、春秋、礼记五经命题,谓之制义。"科举坚持"心术"优先、才能其次的原则,即"先用经书,使阐发圣贤之微旨,以观其心术；次用策论，使通达古今之事变，以察其才猷。"可以说，统治者通过规定科举的内容、标准，以政治手段影响了人们的价值取向，从而达到控制民众思想的目的。因为从宋代以后，凡是参加科举考试者必须具有官办学校的生员身份，这就使得学校教育成为法定的选官前提，统治者可通过控制教学内容，达到控制人们思想的目的。科举制通过教育制度与选官制度的一体化，在更深层次即文化层次上，实现了社会思想与统治思想的完全融合。

科举制之所以能够得到历代皇帝的青睐，盛行不衰，不在于其得人不得人，而在于其对政治统治的维护。科举制从创立之初，就着力于打破官僚贵族世家倚仗门荫资历对官位的垄断，为庶族中小地主以至出身寒微的平民开辟了入仕途径，从而使凡是有条件读书者，都有了进入官场的机会。在科举制下，从唐代到清代，对于应考者的身份限制不多，因而可以使社会上相当一部分人，而且几乎全部都是能够为政权提供社会支持的人，通过科举这一途径，把自己变成统治队伍的后备军，进而把对封建王朝不满甚至反抗的因素，转化为为其效忠服务的因素。这就是明、清两朝统治两百余年，政权稳固的主要原因。

科举制对统治基础的扩大，不能只着眼于选出了多少官吏，而要着眼于吸引了多少人踏上了读书求官之路。科举制的出现，使天下读书人的价值观念完全融解到政治体系当中，"学而优则仕"成了读书人心中追求的理想目标。成千上万的学童，从接受启蒙开始，就受到了"书中自有黄金屋"之类的教育，他们自然而然就成了政权的衷心拥护者。这些文化人投身官海，除了博取功名、追求利禄之外，还在于他们认为只有从政才能救国、济世、利民。在中国传统社会中，"治国平天下"的政治诉求一直是中国士人的最高理想。统治者十分明白科举制度的这一妙用，他们通过科举，将"四书""五经"作为考试的内容，实际上是间接地实行以德治国，他们追求的正是"绳趋尺步，争相濯磨""民气静而士无庞杂"的稳定局面。

有效的政治统治，不仅要有足够的社会支持面，而且要能够形成稳定的社会环境。科举制在保持社会稳定方面，确实发挥了特殊的作用。这一点应引起统治者的高度重视。

六、封建社会末期对德治传统的质疑

明末清初，中国封建社会的矛盾充分暴露出来，但尚未达到崩溃的程度。在此历史条件下，产生了封建社会的"自我批判意识"。这段时期的进步思想家，如黄宗羲、顾炎武等人把"存天理、灭人欲"的宋明理学作为批判否定的对象，具有一定程度的早期民主主义色彩和反封建的启蒙意义。

黄宗羲对于君主制进行了深刻的批判，提出了"以天下为主，君为客"的主张。他认为，在上古时代，天下人民是主，君是客，君所做的工作是为了天下人民。但是这种合理的君民关系，后来被君权至上的专制制度颠倒过来了，君主视天下为其一人之产业，强迫天下人民为他一人服务，他认为这是不合理的。

此外，黄宗羲还对君臣关系进行了说明，认为臣应该是君的"师友"，不应该是君主的奴役。他更提出对于"杀其身，以事其君"的传统道德观念的反驳，臣不是"为君而设"的，所以也不必为君而死，臣追求的应该是人民的利益。黄宗羲关于君臣君民的学说，可以说打破了"君为臣纲"的传统思想，是对封建专制主义的批判，具有相当明显的初步民主思想。

顾炎武秉持着关怀民生的人道主义情怀，倡导其学说。他指出，个人必须为天下兴亡尽职责义务，此天下不是一家一姓之天下，而是百姓的天下。要能够为天下尽责，则必须在人格修养之外别有才学。否则，虽仁义之言充塞天下，假仁义者率兽食人，人与人相食，则亡天下矣。因此，博学于文而能贡献于社会的繁荣与进步，才是古圣贤哲的仁义之道。然而在顾炎武看来，文人学士们昧于此已久矣，他强调对典章制度、经、史等知识的真正把握，以实际致用于世而尽责，这是他所认定的士之应当的自我觉识。

此外，顾炎武还强调整顿风俗之重要性。他说，目击世趋，方知治乱之关必在人心风俗，而所以转移人心整顿风俗，则教化纪纲为不可阙。因此，他提倡奖掖廉节。他认为，每一个士人都应尽其人生职责，包括于己之节操及于天下国家之博爱。士人之职责不仅在实现自己，且在于为天下国家尽力。故他所言之行有耻，便不仅仅停留在耻恶衣恶食，还在于耻天下人无美衣美食，此乃由正风俗人心与积极救世相统一，而不像理学家们专心于克人欲治心与范世。

以上是我国历史中德治思想的历史演变过程，虽然多数只是停留在思想家的理论层面，难以在当时的社会政治生活中真正得以实现。尽管如此，它们也是对过去历史经验和治国规律的一般性认识。例如，主张对人民实行道德教化和强调从政者要具备好的道德品质，以德修身等都是比较好的治国经验的总结，它们凝结了人类政治文明发展的积极成果，同时也给今天的执政者以一些深层次的启示，为和谐社会的构建提供了一个理论平台和思考空间。

第二节 对中国古代德治思想的评析

德治思想作为社会治理的主导思想在中国存续了几千年，有其必然性。这种必然性内含着合理与不合理的双重因素，既有可以传承的优势，也有应该批判俭省的缺陷。中国古代的以德治国思想可以在三个领域中做利弊的评析，分别为行政领域、个体与家庭领域、社会公德领域。

一、行政领域

（一）德治思想以民为本的治国方针

中国传统德治思想主张以民为本，认为民心的向背关系到社稷的安危，关系到社会的稳定和长治久安，因而把调整君与民的关系作为治国的核心，认为君应以安民为务，将爱民、重民、利民、富民作为治国的重要目标。这种在古代占有重要地位的民本理念构成了德治的核心内容。

以民为本，不仅要爱民、重民，而且还要利民、富民。只有统治者实行利民政策，让人民富足了，人民才能安定平和地生活。古代德治思想强调安民、利民、富民，就是希望统治者能够将国家的长远利益、根本利益与广大人民群众的现实利益统一起来，提倡统治者要关心人民疾苦，为人民的生活着想，反对为满足一己之私而残酷剥削人民。对于这一点，唐太宗有深刻的认识，他曾说："为君之道，必须先存百姓，若损百姓以奉其身，犹割股以啖腹，腹饱而身毙。"意思是，当国君的原则，必须先关心爱护老百姓。如果以损害老百姓为代价来奉养自身，就像割下自己大腿上的肉来填饱肚子，肚子虽然饱了，人却死了。唐太宗充分认识到百姓生存状况的重要性，剥削百姓就如釜底抽薪，会导致国家灭亡。因此，君主应该关心民生，想方设法地使百姓安居乐业，而不是忙于各种兵役或徭役。

古代德治思想中的民本思想对于中国影响颇深，在这种思想潜移默化的作用下，在漫长的历史进程中曾出现过不少仁君、贤臣，他们关心人民疾苦与安康，大力施行德政，受到百姓的衷心爱戴和敬仰。这种民本思想的价值在于它能在某种程度上制约中国君主专制的无限膨胀。但它也有不足之处，它虽然主张以民为本，但其民本思想最终是为巩固统治阶级的地位服务的，以民为本的目的，是为了更加有效地"治民"。总体说来，重民思想的提出，是以君居其上为前提的，比如荀子就提出，"君者，民之原也"。由重民到安民、利民，虽然也曾提出过一些保民、利民的措施，但是由于这些主张的出发点往往在统治者一方，所以人民始终处于一种消极被动的地位，只能仰仗统治者的主观意愿生活。这里实际上暴露出中国古代德治理论的人治性的弊端，即君主在国家治乱中具有决定性的作用，是治乱之本，"一言可以兴邦，一言可以丧邦"正是对这一现象的高度概括。国家的一切政治主张都寄托在君主一个人身上，君主成为整个政治体制运转的轴心，从而造就了我国的封建君主专制的政治体制。在古代德治的民本思想中，虽然统治者赞同以民为本，但实际上人民并不居于主体地位。因此，古代德治思想的以民为本，并非现代意义上的以民为政治主体。尽管如此，它对人民地位与利益的尊重和重视很值得今天的从政者好好学习并加以反思。

（二）德治思想之吏治准则

吏治是对官吏的管理，是国家政治的重要一环。因为政府官员是代表国家行使管理社会事务的权力的，这种特殊性赋予了他们相应的特殊身份，他们既可以运用自己手中的权力造福百姓，也可以利用这种权力谋取个人的利益。因此，有必要对官吏的性质、地位、职能、要求等加以规定，使其更好地为百姓服务。

德治的倡导者们在吏治原则上，提出"廉洁""奉公"的道德要求。

"廉"作为一项根本性的政治道德要求，被认为是为官之宝、从政之本。因为为官从政人的手中或多或少都掌握一定的权力，会面对各种诱惑，所以对他们的基本要求就是要做到廉而不贪，并且只有做到不贪，才能使为官当政者不至于滑向道德堕落的底线。对于君臣而言，廉远非只是个人道德品行的问题，而是关系到国家治乱，社会风气正邪的大是大非问题历来受到重视。清帝康熙也从另一个角度强调这一点，他说："居官者应以清廉为尚，官皆清廉，百姓自得遂其生矣。"在他看来，如果居官清廉，则不贪国家之财，不夺百姓之利，可国泰而民安；反之，贪吏横行，则国家受贪污盗窃之灾，百姓遭巧取豪夺之苦。这也正如清代王永吉所言："大臣不廉，无以率下，则小臣必污；小臣不廉，无以治民，则风俗必败。"可见对于官吏来说，清正廉洁至关重要。但是，要做到清正廉洁并不容易，需要一定的思想信念作支撑才能实现，这种思想就是克己奉公、为民做事。没有这种自觉奉献的精神作指导，做官时难免会因受到种种诱惑而失去操守，一朝不慎甚至会沦为万民唾弃的贪官污吏，成为侵害国家、人民利益的"硕鼠"。那么，怎样才能做到廉洁奉公呢？用四个字概括就是俭朴为廉。因为人对物质欲望的追求是没有止境的,永远无法彻底满足的,"惟俭可以助廉"。俭朴不仅是个人道德完善的条件,更是官吏保证廉洁的重要前提,只有做到居官克俭,不为物累,才能不思苟取,拒贿不纳,保持廉洁的美德。在中国历史上,不少贤臣明君在其为国主政的吏治生活中都能做到克己自律,生活俭约,清洁自守,淡泊养志。正是由于他们不贪图一己的私利,为民谋事,兴利除弊,造福于民,才得到了人民的拥护和爱戴。总之,克己奉公、廉洁自律是古代儒家德治思想在吏治方面的基本表现,它不仅是古代儒家德治思想的重要内容,还是历代统治者和老百姓衡量各级官吏官德水平高低的一项重要指标。直到今天,这一思想和指标仍然发挥着重要作用。

(三)德治思想之用人观念

中国传统德治思想认为,治国者的素质是德治能否实现的关键,关系到治国的兴衰成败。因此,古人十分注重君、臣的自身修养,提倡为君者要有君道,为臣者要有臣道,对官吏的选拔、任用和处罚都应遵循一定的准则,从而形成吏治之道和用人之道,其中心思想是贤者治国,任贤选能。

古代德治思想不仅主张统治者个人通过修身养性达到较高的素养,去英明地治理国家,而且积极主张统治者选拔吸收贤能之才参与国家的管理。因为君主本人不管多么贤明能干,个人的精力毕竟有限,对于国家的庞大政务,他不可能事无巨细地亲自过问,所以他必须挑选一些优秀的人才充当各级官吏,帮他分担国务。举贤才、纳忠良、除贪官、去污吏是实现德治的重要保证。在选拔人才时,要求君主及各级官吏有知人之明,知道如何发现、使用贤才,明白什么样层次的贤才用在什么级别,什么样类型的人才放在什么位置。

在德与才的关系上,古人更偏重于认为德是根本,才从属德,德是才的灵魂,是才的统帅。正是基于对德与才的重视,以及对于德与才关系的认识,古代帝王在选拔任用各级官吏时,格外注重人的思想品质和道德修养。可以说,古代的这些观点都有一定的合理性,在历史上也产生了积极的影响。同时，由于缺少对德与才辩证关系的全面认识，以至于逐渐产生了重德轻才甚至以德代才的不良倾向，这是值得我们反思的。

二、个体与家庭领域

（一）德治思想之修身正己

为了有效地推行德治，中国历代的统治者都强调修身正己，以身作则的重要作用。他们认为，通过君臣们的以身作则，不仅可以使政令得以推行，而且其修身正己的表率作用也可在道德上为民做出榜样，教育和感化百姓，进而有效地统治国家。

因为居于上位的人的言行对于老百姓具有很大的影响作用，统治者的一言一行都会影响到民众，所以修身乃是君主一切政事之根本，是治国安邦之基础。执政者只有严于律己、勤于正己，"欲而不贪"，具有高尚的道德品质，才有治人的条件。因此，政治道德修养成为规范和约束为政者思想行为的内在要求。

《大学》对修身重要性的论述最为透彻。"古之欲明明德于天下者，先治其国；欲治其国者，先齐其家；欲齐其家者，先修其身；欲修其身者，先正其心；欲正其心者，先诚其意；欲诚其意者，先致其知，致知在格物。物格而后知至，知至而后意诚，意诚而后心正，心正而后身修，身修而后家齐，家齐而后国治，国治而后天下平。自天子以至于庶人，壹是皆以修身为本。"此段论述从"修身、齐家、治国、平天下"的推理出发，强调只有先把自己修养成一个有道德的人，才能把"家"治理好，只有把"家"治理好，才能把国家治理好，同样，只有把国家治理好，才能治理好天下。正是在这一意义上，人们肯定了修身在政治生活中的根本地位，把它作为为政之本、德治之本的"本"来看待。

但是，这段话实际上暗含了中国古代德治理论的泛道德主义倾向的弊端。所谓泛道德主义倾向，就是把伦理道德置于至高无上的地位，把社会生活的一切领域都纳入德治的范畴之中，使道德渗透于社会生活的各个领域之中，使人们的政治生活、个人生活、人生理想等都受到伦理道德的约束。在此段中，古代德治理论就是把人生理想和社会理想道德化了。它将道德修为提升到了人生的最高境界，要求人人都把对事业的追求建立在内在道德修为上，主张"自天子以至于庶人，壹是皆以修身为本"。其目的是要造就一种"人皆舜尧"的伦理政治局面。中国古代德治理论所倡导的社会理想和社会发展目标，主要不是增加人们的物质利益，不是促进社会的经济发展，而是要更新人们的精神面貌。然而，这种缺乏物质基础的道德追求，只能是虚幻的，也必然是不能长久的。也正是这种理想追求，造成了中国传统文化和社会发展的单一性，造成中国古代社会道德理性的片面繁荣和科学理性的严重缺失。科学理性的缺失对中国政治、经济、文化的影响至大至深，在一定程度上制约了古代中国科学文化和社会的全面发展。道德化的治世目标，也使中国历代统治者以所谓"礼仪之邦"的天朝大国自居，形成了故步自封的保守思想。这一点是值得我们深刻反思的。

（二）德治思想之家庭道德

孝慈友恭是家庭道德的基本要求，历代德治思想的倡导者都十分注重家庭教育对社会稳定和个人生活的意义。他们认为，一个人在家能亲亲敬长，在社会生活中必然会成为一个"温、良、恭、俭、让"的顺民，不会与人争斗，惹出事端，以辱父母；在日常的政治生活中会做到顺从权威。因此，古代德治思想劝诫统治者要懂得去营造一个顺民社会，这样才会使其统治长治久安。具体就是要做到：在人伦关系上提倡"父慈子孝，兄友弟恭"，特别指出的是"父慈子孝"中的父慈不等于溺爱，它包括生养、关怀、教育等。子孝不只是赡养，它包括孝敬、继业、弘志等，这反映了父子间相互的道德责任和义务。而"兄友弟恭"则要求同胞之间要相互关心、相互爱护、相互帮助、团结一心、同甘共苦，这样才有利于家庭和睦。

三、社会公德领域——德治思想之教化功能

中国古代德治理论非常重视和强调对百姓进行伦理道德教育,因为以德治国,就是要以德服人,以理服人,使人民有道德、讲礼义。因此,凡坚持以德治国的思想家、政治家都十分重视对人民进行教化,使其知法守法。他们认为,即使人民有了过错,也不必施以刑罚,最好对其进行感化,使其改正,认为教化优于惩罚,即"德礼为政教之本,刑罚为政教之用",因为刑罚只能惩处犯罪于事后,而教育、感化却能防患于未然。

具体表现在:首先,德教能使人向善,能使人明人伦、守礼义。只有通过国家的教育,以政治化的权威化民归德,人性方能趋于美善。因此,德育教化是立国之本。其次,道德教化能促使形成良好的道德风尚,敦厚社会风气,塑造良性的社会道德氛围和环境,起到移风易俗的作用。古人很早就认识到环境对人们道德的作用和影响,并把它提高到国家治乱的高度。顾炎武说:"目击世趋,方知治乱之关必在人心风俗。而所以转移人心,整齐风俗,则教化纲纪为不可阙矣。"因此,想方设法教导人们遵循伦理道德规范,试图创造好的风气陶冶人的品行,成为治国的重要任务。教民以德,正面提倡好的事物,使民在不知不觉间接受统治者提倡的道德价值观和为人处世的礼节,形成好的风气,是移风易俗的主导方面。此外,在努力提倡好的风气的前提下,还要对不良风气加以抑制,化陋习、树新风。

总之,德教是德治的一个必要且重要的方面,"以德为先""以教为本"成为历代统治者治国的重要原则,只有强调道德在社会生活中的感化和激励作用,才能发挥其劝导力和说服力,从而使其更好地为统治阶级服务。

这里我们可以看到古代德治理论的道德传承性。历代统治者都非常重视道德教育,将德教作为一个重要原则来抓。但客观规律是经济基础决定上层建筑,随着时代的更替,相应的道德规范也要加以改变,这样才能适应时代的发展要求。古代德治理论在这一点上只表现出对原有道德规范的继承而并

没有对它进行创新。如历代统治者都要求百姓能够守礼义,"三纲五常"作为封建社会的伦理道德规范统治了我国上千年,而这一规范的根本目的就是要明尊卑、别贵贱,维护封建等级制。因为礼要求每个人根据各自的身份,遵守相应的"礼数"。身份等级不同,遵循的道德准则也不同。礼的这一功能性作用就是要使每个人各安其分、各尽其职,一旦有人破坏了礼,破坏了等级秩序,那就是挑战了上位者的道德权威,即侵犯了统治阶级和统治者对道德资源的控制权,就要受到严惩。这也是为什么几千年来我国封建伦理道德规范一直没有得以改变和创新的原因,它严重阻碍了我国伦理道德规范的发展。

第三节 当代中国社会治理中的道德问题

着眼于今天的中国,应该承认市场经济体制的确立,给国民的心态带来了一系列的变化。比如,由依赖到创新,由封闭到开放,由平均到竞争,人的能动性和价值较计划经济时期得到更多发展,给社会带来了一种蓬勃向上的活力。但是,任何一次社会的重大变革,由于各种精神文化力量的相互碰撞与冲击,都会对原有的道德规范和法律制度造成影响,引起原来曾为人们所共识的道德观念的缺失与错位。那么,市场经济与道德建设二者的关系又是怎样的呢?是冲突的,还是兼容的呢?在国内一时出现了两种不同的观点,即"道德滑坡论"和"道德爬坡论"。"道德滑坡论"认为,道德出现了严重的滑坡现象,主要表现为道德观念变异(如一些优秀的道德观念受到冲击)、道德评价错位(如真、善、美与假、恶、丑混淆不清)、人们的心态扭曲(如缺乏是非感、荣誉感)、道德理想淡化(如只看眼前物质利益,不求远大理想)。反映在社会生活和经济生活中,出现职业道德、家庭美德、社会公德等的失范,而且拜金主义有所抬头,以至发展到贪婪、掠夺、唯利是

第一章 儒家德治思想

图、见利忘义，犯罪案件增加，假冒伪劣商品屡禁不止，坑蒙拐骗时有发生，黄、赌、毒等丑恶行为有所蔓延。在人际关系中，出现了社会冷漠，人情淡薄，甚至见死不救等现象。

一、政治领域

（一）官本位现象严重，缺少为人民服务的思想

近年来，我国的官德失范现象比较严重，具体表现在：个别领导干部"官本位"思想严重、责任心不强，做起事来互相推诿，有些干部只图一时一己之利，视法律法规、党纪政纪为儿戏，管理松弛，导致恶性事故接连不断，决策失误频繁发生。还有一些人缺乏为人民服务的意识，不能真正做到时刻把人民群众的安危冷暖放在心上，想人民之所想，急人民之所急。他们完全忘记了党的宗旨及作为一名党员干部的职责，党和人民把权力交给他们的目的是让他们全心全意为人民服务，而他们这种不认真负责地履行自己的职权是一种失职，严重影响了我国领导干部队伍的形象。

我国是人民当家作主的社会主义国家，为人民服务是社会主义道德的集中体现，是我国政治道德价值选择的基础和灵魂，它关系着官德建设的性质和方向。因此，要将"全心全意为人民服务"作为官德建设的核心。

对于我们今天新形势下的领导干部的"官德"建设而言，就是要本着全心全意为人民服务的指导思想，着力从"公、宽、舍、勤、仆"上下功夫，促使广大领导干部严格要求自己，努力使自己成为一名合格的领导干部。所谓"公"，即"居公无私""秉公办事"，就是能够正确处理好义与利、公与私的关系。面对孰先孰后的价值选择，作为领导干部必须"先众后私""先人后己"，能够超越自我，努力做到与人民的根本利益相统一，秉公办事、清正廉洁、无私奉献，堂堂正正做人，实实在在做事。所谓"宽"，即正大光明、胸怀坦荡。领导干部要提高自身涵养，做到豁达大度、宽宏大量，严于律己、宽以待人，决策上发扬民主，实施上顾全大局，能够虚心听取多方

面意见,特别是人民群众的意见,做到虚心纳民谏,真心集民智。所谓"舍",即放弃、牺牲,就是能够正确对待物质利益。领导干部也是人,也有七情六欲,也有物质需求,但当集体利益和个人利益、长远利益和眼前利益发生矛盾时,应将国家和集体利益置于个人利益之上,不能私字当头,更不能损公肥私,以权谋私。而且,在党和人民的利益受到威胁的关键时刻,要能够挺身而出,甚至不惜牺牲自己的一切。所谓"勤",即勤政,就是"俯首甘为孺子牛",以高度的责任感和强烈的事业心,立足自己的岗位,埋头苦干、扎实工作、敢于创新、开拓进取、真抓实干、干出实绩。所谓"仆",即以民为本,做人民的公仆。领导干部要树立正确的权力观,时刻谨记权力是党和人民赋予的,是用来为人民服务的。无论在什么岗位上掌权、用权,都要想人民之所想,急群众之所急,切实为群众办实事、办好事。要相信群众、依靠群众,保持同人民群众的血肉联系,上不愧党,下不愧民,把对上负责和对群众负责统一起来,从实际出发,求实、惠民,做到使组织放心,让群众满意。

领导干部只有真正做到以上几点,以良好的党风带动民风,才能促进社会风气的好转,才能无愧于党和人民交付给他们的神圣使命。

(二)官德失范现象严重,腐败滋生

随着经济的高速增长和改革开放的逐步深入,腐败问题成为社会热点和人们关注的焦点问题。由于利益驱动,个别人抵不住物质利益的诱惑,以权力为资本谋取私利,使权力变质腐败,主要表现为贪赃枉法、行贿受贿、敲诈勒索、钱权交易、挥霍人民财富等现象。

腐败作为一种社会现象,它的产生有各种根源,如经济根源、历史根源、思想根源、体制根源等。这其中尤其值得我们深思的是它的思想根源。众所周知,要遏制腐败,制度和法律建设是非常重要的。但是,制度和法律要由人去执行,而人的行动是受一定的思想支配的。

腐败者搞腐败,首先是从思想腐败开始的,思想的腐败意味着道德自律能力的丧失,而道德自律能力的丧失,必然导致道德失范行为的发生。对于一个手中握有权力的人来说,道德失范行为很容易转化为权力的腐败运作。从历史上各国腐败发生、发展和滋长的过程观之,腐败发生的程度同统治阶级或集团的道德面貌和精神状态存在着内在的联系。一般说来,统治阶级或集团的道德自律能力较强时,其政权中的腐败现象较少出现,或者出现后亦能被认真对待,并极力克服。这表明该政权是进步向上的,并且自身具有一定的反腐防腐的自制力或免疫力。当社会道德失控、舆论失控时,国家、社会或民族赖以维系的精神支柱就会倾塌,腐败滋生和蔓延的现象就会发生。

二、经济领域

(一) 个人主义的泛滥

随着市场经济的快速转型,人们在利益取向上表现出严重的个人本位化倾向。在不规范的市场上,充斥着原始的、庸俗的、非理性的经济人,他们狭隘而强烈的利益冲动突破道德的规约,为谋一己之私而不择手段,彼此展开掠夺式竞争。这些都严重降低了我国经济生活质量,导致了社会经济行为和交往秩序的混乱,极大地消解了社会主义市场经济应有的道德优越性。

(二) 实用主义的充斥

庸俗实用主义是一种寻求"兑现价值"的行为观念,它以一种观念所能带来的眼前实利的多寡作为判断该种观念的价值标准,即所谓"有用即真理"。目前,生活中我国流行的实用主义的典型就是普遍的"只顾眼前,不顾长远"的短期行为,其表现就是社会上大量出现的"短期行为综合征"。以次充好、以劣代优,欺骗消费者的现象层出不穷。众所周知,从事经济活动的目的是赢利,所以追求利润的最大化、价值增值的高速化和"利己"行为是市场经济的又一特点。生产者为了追求利润最大化,不惜采取各种手段,导致假冒伪劣、短斤少两、坑蒙拐骗等丑陋现象屡禁不止。对于这些"见利忘义"的行为,我们在加大法治惩处力度的同时,紧急呼唤道德的规范和约束。

（三）拜金主义的盛行

金钱作为财富、价值的象征，在人们经济社会交往中的地位、作用不断被强化。而目前我国相对完善的市场经济规范尚未有效地确立起来，这不仅难以对人们的逐利冲动进行合理引导，而且为一些人通过不正当手段发财致富提供了种种可乘之机。许多年来，在商品大潮的强力冲击下，金钱拜物观念已渗透到中国社会各阶层。

（四）信用危机的蔓延

遵守经济信用是人们在经济交往中的基本行为准则，是市场经济运作的基石，是市场有序化的基本保证。从20世纪80年代后期社会上出现了一些经济信用失常的现象，主要表现为：一是经济合同失效，其中的典型是企业之间互相拖欠货款或服务费的现象频发，导致经济信用严重梗阻，社会经济无法正常运行，进而影响了国民经济的正常运行。然而，我们都知道，企业若想在市场中立足，很重要的一个原则就是诚信，一个企业的信用就是这个企业的生命，失去信用就等于失去市场、失去生命。二是伪劣商品充斥市场，绝大多数消费者受过假冒伪劣商品之毒害。在利益的驱使和金钱的诱惑下，一些企业和商家违反职业道德、粗制滥造、以次充好、不讲信誉、不负责任，不把制假、贩假看作是可耻的事情，反而成了发财致富的途径。这种行为不仅损害了人民群众的利益，干扰了市场秩序，破坏了企业形象，有的还影响了国家声誉，引起广大人民群众不满，不利于社会主义精神文明建设和良好的社会道德风尚的形成。因此，在社会主义市场经济条件下，加强道德建设，提高劳动者的职业道德素质十分重要，这是保证社会主义市场经济健康发展的重要条件。

三、家庭领域

（一）家庭道德观念发生了变化

近年来，随着市场经济的逐步发展，一些人的生活浸染了市场化和商品化的色彩,他们在处理家庭问题时,有时会不自觉地带上功利色彩。这样就会产生金钱与感情的矛盾和冲突,家庭问题也随之激化。现在,有一些年轻人在考虑婚姻和家庭问题时,不从感情出发,而从金钱、房子、车子等物质条件出发,这样就为将来出现家庭问题埋下了导火线,还有兄弟姐妹之间为争父母遗产而不顾手足之情互相伤害的,也有子女从利益出发拒绝赡养年老父母等一系列问题。

(二)家庭成员感情交流减少,家庭关系脆弱

现今,人们的社会化程度越来越高,随着社会活动深度和广度的日益加强,社会交往日益频繁。然而,家庭成员之间用以沟通和交流的时间大大减少,彼此之间容易产生隔膜,感情变得疏远与冷淡。同时,许多父母与子女不在一起居住,缺少面对面交流的机会,导致双方对彼此的现状不甚了解,所以容易产生误会。此外,家庭成员之间沟通交流的减少,也是现代家庭产生问题的一个重要诱因。

(三)家庭责任观念淡薄

由于人们比较注重个人价值的实现,对于家庭以及家庭其他成员的经济和感情的依赖日益减弱。此外,现代社会的结构也发生了改变,典型的三口之家占据大多数,二人世界的丁克家庭甚至单身也开始增多。同时,一些人也不再把家庭作为生活的重心,事业的成功、个人价值的实现、多元化的生活方式更多地成了他们考虑的重点。家庭观念的淡薄导致人们对家庭的责任心在逐渐减退。

四、社会领域

(一)社会公德方面

在社会公德方面,道德失范现象时有发生。面对落水者,围观的人数不少,愿意下水救人的却没几个;面对司机肇事逃逸,好心人将被撞者送进医院,却被伤者家属认定为肇事者,并让其赔偿经济损失;面对歹徒行凶抢

劫，路人只是麻木地观看，却不肯见义勇为，而那些少数见义勇为的人，不但不能赢得别人的赞扬与尊重，反而被人耻笑与诬陷……道德冷漠现象已经到了触目惊心的地步。有些人的不道德行为已经突破了法律的底线，达到了违法犯罪的程度，而另外一些人则将"只要我不犯罪，法律就奈何不了我"作为其不道德行为的掩护和借口。

（二）大众传媒方面

媒体常被称为"第四种权力"，虽然它只能产生间接的影响力，没有直接的权力，但通过舆论的作用，可以发挥一定的监督作用，其对于道德来讲具有直接的保障作用。因为，道德主要是靠社会舆论、传统习惯、教育和人的信念的力量来调整社会中人与人、个人与社会之间关系的一种特殊行为规范。其中，社会舆论的保障作用是至关重要的，而媒体是有组织的舆论，它的可信度及影响力要远远高于普通舆论。如果新闻媒体的公信力缺失，那么道德就失去了一个强有力的保障手段。因此，要加大媒体的监督力度，使其在权力制衡方面发挥更大作用，除了作为政府喉舌之外，还要使之成为传递群众呼声的窗口，成为疏导民意的平台。因此，加强新闻方面的立法已势在必行，这不仅有助于制约权力、实现依法治国，同时也可为道德建设提供有力的保障。

第四节 德治思想对当代中国社会治理之启示

上一节我们已经指出了当今社会中存在的种种不公正、不公平的社会现象，那么德治作为一种治国方略，对当代社会的治理究竟有没有作用和影响呢？笔者借鉴古代德治思想之精华，再结合我国的实际国情，从以下几个方面提出了德治思想对当代社会治理的启示，希望能为相关人员提供一些参考。

一、重视官德和吏治建设

"以德治国"作为一项庞大的系统工程,其首要任务就是要大力加强官德和吏治建设。因为无论是国家的最高决策者,还是管理国家的各级官员,他们都是社会道德的承担者和实践者,他们"官德"水平的高低,直接决定着国家的政治命运和发展前途,影响着国家的兴衰安危,同时也直接影响到整个社会风气的走向。这一点,我们通过古今中外的社会发展史便可了解。古代传统儒家的"内圣外王"学说使得以官僚阶层为主导的儒士阶层不仅担负着传承和弘扬儒家文化的使命,而且还肩负着"道统"传承的责任,即他们以其自身的道德人格风范引导民众和社会的道德风尚,从而规范现实的政治秩序和社会伦理秩序。虽然整个社会的政治秩序和伦理秩序的稳定与否完全取决于官员个人的品德修养其基础是异常脆弱的,但是吏治不清则民风必然败坏。这不仅仅是中国传统社会清官政治的必然产物,而且也早已被中外历史所证明,正如斯宾诺莎所言:"叛乱、战争以及作奸犯科的原因与其说是由于民性的邪恶,不如说是由于政权的腐败。"在今天的中国,官德建设对我国改革进程中的政治秩序的维护和良好道德环境的营造同样产生着重大的影响。我国当前的政治体制改革是在社会主义政治总格局和权力结构形式不变的前提下,对政权组织、政治组织的相互关系及其运行机制的调整和完善。这一过程中,必然会不可避免地涉及一些人的利益。在这种情况下,改革能否按原来计划的方向进行、政策能否得到真正的贯彻和落实,在很大程度上取决于领导干部道德素质的高低。因此,必须加强官德建设,这对于我国的政治发展可起到保驾护航的作用。

同时,加强官德建设还有利于良好社会道德环境的营造。只有官员有德,才能营造一种公平、正义的社会道德环境,而一旦"官德"失守,就有可能会产生一些不负责任的行为,甚至于滥用权力,践踏人民利益。同时,官员的不良行为又会带动社会整体道德水平的下降,导致世风日下,不仅

"以德治国"无法实现，建设社会主义和谐社会也会成为空谈。所以，我们要大力提倡和加强"官德"建设，使权力能得以制衡、道义能得以伸张。

那么，我们应如何加强官德建设呢？加强"官德"建设，具体应做到，首先，在选拔人才时，要继承中华传统道德文化中"为官重德"的人才思想，要选贤任能，坚持德才兼备的用人原则，把"德"作为选拔官吏的首要标准。其次，要从严治党、从严治政、克己奉公、反腐倡廉，提高领导干部的道德素养。最后，"为政在人"，政德要靠为政者去实践，领导干部要加强学习，提高个人修养，无论在什么时候和什么场合，都能把握住自己的言行，坚定自己的道德信念。

二、加强家庭美德建设

家庭美德是社会主义道德建设的着力点。家庭作为人类社会生活的基础组织形式，不仅为人的生存和发展提供了最基本的物质条件，为人的全面发展创造了最直接的社会环境，也是人走向社会化过程中的第一站，是人接受最初教育的场所。一个人的道德素质往往会受到家庭道德氛围、家庭成员思想素质的无形影响。如果一个人所处的家庭道德良好，从小就形成了尊老爱幼、勤俭节约等道德习惯，那么在他长大成人进入社会之后，也会尊重别人，具有良好的道德修养。因此，家庭美德不仅关系到每个家庭的美满幸福，而且还有利于社会的安定和谐。

中华民族历来注重家族观念，家族意识以其悠久的历史和浓重的血缘伦理观念，融于中华传统文化之中。今天，在传统社会向现代社会转变的历史进程之中，家庭的功能、规模、结构、地位都发生了深刻的变化，家庭美德受到了空前的冲击，家庭道德建设面临着大量新情况、新问题。这主要是由于全球化不仅影响了人类的物质生活条件，也影响了人们的价值观和信仰。

因此，加强家庭美德建设是维护家庭美满、树立良好的社会道德风尚以及构建和谐社会的必要保障。我们要继承古代儒家关于家庭道德的思想精华，大力提倡孝敬父母、尊敬长辈、赡养老人、勤俭持家等美德，努力把家庭建设成为人们心灵休憩的港湾，使在社会竞争中感到疲劳和焦虑的心灵得到放松和休息。

三、加强学校的德育建设

随着社会主义市场经济体制的建立和发展，互联网的信息传播和虚拟社会的道德责任模糊，使当代大学生的心态产生了变化，道德困惑日益增多，功利主义、攀比意识、享乐主义、自我主义等盛行，行为失范现象时有发生。因此，加强学校的道德建设，推进高校德育工作迫在眉睫。

学校作为传播科学文化知识的主阵地，同时也是"道德教育"的主战场，要想真正落实"以德治国"的战略思想，就必须发挥其道德教育的作用，通过"育"达到"治"。因此，学校应该把德育提高到"以德治国"的高度。首先，应加强当代大学生对道德教育重要性的认识。要成为一名新时代的合格人才，光具有专业知识是远远不够的，还要求大学生自身综合素质的全面提高。其中，道德方面的素养应该是第一位的，它决定了其他素质的获得和运用。所以，大学生要认真对待道德教育，通过加强自身修养，提高自己的道德素质。其次，教师应加强自身的师德修养，塑造高尚的道德人格，以良好的人格特征和言行举止去影响学生。另外，要狠抓学生的德育工作，对学生的不道德行为采取相应的惩戒措施，同时努力构建良好的道德教育环境，通过教育提高学生的道德认知水平和明辨是非的能力。只有我们的教育工作者从自身做起，在思想上成为大学生的引导者，教会学生如何明辨真伪、美丑、善恶，从大处着眼，从小处着手，把握好大学生的道德航标，才能培养出具有良好道德品质的人才。

四、加强社会公德建设

社会公德是社会交往和公共生活中应当遵守的最基本的道德规范，它是道德形成的基础和发展的基石，社会公德的发展水平是国民素质状况的体现。因此，要提高全体国民的素质，就必须加强社会公德建设。

此外，社会主义市场经济体制的建立，带来了人们之间关系的一些变化，一方面人们之间的联系愈加密切，交往日益频繁。另一方面，由于社会结构的重新调整以及社会利益的重新分配，人们的现代意识欠缺等原因，造成了人们公德意识淡薄、公德行为的缺失。这些严重地扰乱了社会的经济秩序，导致了人际关系的冷漠，给人们的日常生活和经济发展造成了极大的危害，影响着精神文明建设进程的质量。因此，加强社会公德建设，提高社会公德水平，刻不容缓。

首先，作为对公民进行道德教育的大课堂，社会要积极开发优秀道德教育资源，利用各种教育基地，大力宣传道德知识，推广各种易于、乐于为人民群众所接受的教育方式，使公德规范和必要礼仪家喻户晓，人人皆晓。

其次，要弘扬正气、改善环境，努力营造良好的文化氛围。社会环境和文化氛围对人们良好的道德习惯的养成具有不可忽视的作用，所谓"近朱者赤，近墨者黑"，正是这个道理。因此，我们必须关注现实社会环境和文化氛围，如果说新闻媒体和文化教育活动能给予人们直接的、有形的道德教育，那么现实社会环境对人的影响则是间接的、潜移默化的道德教育。人创造环境，环境也影响人，人们总是自觉不自觉地从社会现实环境中去理解道德、学习道德，特别是社会分配政策、干部道德形象、法律公正程度、文艺作品所体现的道德价值取向、人际关系和社会风气的状况等，更是强烈地影响着人们的道德信念和价值方向。而对正处于世界观、道德观形成阶段的、模仿性极强的青少年而言，环境影响尤其值得关注。因此，全社会要努力创设条件，大力营造用良好的道德情操和高尚的思想道德教育人、凝聚人、鼓励人、塑造人的社会环境，便于人们养成良好的道德习惯。另外，通过道德实践，建立惩恶扬善的社会风气，使人们的道德容易养成。最后，加强人与人之间的沟通，促进人们道德感情的培养，从根本上推动全社会道德环境建设。

五、法治与德治不可偏废

法治与德治作为两种不同的社会治理方略，各有其特点。法治作为一种刚性的治国方略，靠外在的强制性手段和方式来规范人们行为的底线，而德治作为一种柔性的治国方略，主要靠社会教育、风俗环境熏陶、道德榜样感染、社会舆论监督以及社会成员的自觉意识和内心信念来推行和维护社会正常的伦理和道德规范。因此，可以这样说，在约束人的行为方面，法律主"外"，道德主"内"。法治作为让人身服的办法，它的长处和主要作用是惩恶，而德治作为让人心服的办法，它的长处和主要作用是劝善。治理一个国家，如果没有完善的法律及其运行机制，少数邪恶不法之徒就得不到约束，就会为所欲为，良好的社会秩序就难以形成。同样，一个国家如果没有完善的社会道德及其运行机制，日常生活中没有可共同遵循的道德规则体系，人们就不知道应该做什么，就没有向善的方向，没有可追求的道德理想，因而也就不能提高其道德素质。如果一个社会的全体成员不思向上，但求无过，素质普遍不高的话，那么这个社会当然不可能会有良好的社会秩序。可以这样说，在抑制人犯罪方面，法律治"标"，道德治"本"；法治治近，德治治远；法治禁恶于已然之后，德治禁恶于将然之前。这两种治国方略如鸟之两翼、车之两轮，缺一不可，不可偏废。

法治与德治不可偏废，凡是只用德治或者只用法治的国家、王朝都不能持久，很快就走向了衰落、灭亡，这点从历史上就可以看出。战国时期，鲁国和齐国单纯使用"德治"，结果很快被别国吞并，而秦朝则采用法家学说，主张严格的法治，抛弃了道德教化，实行严刑酷法。秦始皇虽然统一了中国，但只经过短短十五年秦朝就迅速灭亡了。秦朝速亡的事例被认为是单纯实行法治导致失败的典型，并为后世历朝历代引以为戒。因此，治国一定要德治与法治并用，不可偏废任何一方。而且历史经验一再表明，成功地治理国家在于严明的法治与良好的德治同时发挥其各自不同的作用,只不过根据不同的时代条件和现实状况,有时需要对法治和德治进行或轻或重、或偏或倚的调整。

除历史经验外,当前的社会环境也需要我们将德治与法治结合起来,这是出于社会主义现代化建设的需要。社会主义现代化建设需要以稳定的社会秩序和团结的政治局面为前提,而此两者的实现既离不开法律也离不开道德。法律可以利用其背后的国家强制力保证政治决策的民主化、科学化;可以合理地配置各种资源,及时解决市场经济发展过程中人民内部的各种矛盾和纠纷;可以有力地打击各种危害国家和社会稳定活动。而道德则可以利用其内在的意识制约力来防止各种邪恶思想的产生,防止社会混乱;可以限制人们的某些欲望,减少利益冲突,增强凝聚力,使人们更加团结;还可以给法律的创制和实施提供有力的支持、配合和协调。由此可见,"法治"与"德治"都是实现国家稳定和长治久安的需要和保障,它们的这种辩证关系客观上要求我们要将二者结合起来。只有充分结合、相互配合,让其各自发挥所长,才能更好地建立新型的社会秩序,更好地为社会主义现代化建设服务。

综上所述,当代中国道德生活领域在经历了"失范""真空"后正逐步重新走向有序,与社会主义现代化建设相适应的新道德正在形成并呼之欲出。我们在感受道德进步的同时,也遇到了许多前所未有的道德问题和困境。这一切,正是以德治国再次被提出的时代背景。

当今中国实施的以德治国方略,是在批判继承中国古代德治思想的基础上提出来的。以"修身齐家治国平天下"为特点的中国古代德治理论体系,是中国封建社会的基本治国主张与方针政策,它对中国封建社会的长期稳定和中国古代社会文明的发展起到了非常重要的作用。在当代,全面复兴古代德治思想理论当然是不可能的,也是行不通的,但历史是一个连续的过程,思想文化更具有历史的继承性,我们不能割断历史,必须结合现代社会的特

第一章　儒家德治思想

点,公正地对待历史遗产,在传统和现代之间架起一座合适的桥梁。也就是说,我们应该对中国古代传统德治思想理论进行科学的分析与梳理,进行一种合理的取舍,加强和巩固其合理的、有利于社会治理的地方,为今天实施以德治国方略提供有益的历史资鉴。

传统德治思想中固然有过时应当抛弃的一面,但也应当看到其伟大作用。剖析传统德治思想的现代价值不仅对于当今的以德治国方略具有举足轻重的作用,而且更加有利于提高全民族的道德素质;有利于在市场经济中调整社会关系,特别是社会利益关系;有利于更好地改善党风和社会风气,消除消极腐败现象。这是我们今天研究儒家德治思想的原因所在。

第二章 儒家教育思想

第一节 儒家教育思想的产生与发展

一、儒家教育思想产生的历史背景

郭齐家教授曾说:"从某种意义上看,春秋战国时代是一个百家争鸣的时代,是一个属于思想家的时代,亦是一个属于教育家的时代,是一个需要巨人而又产生了巨人的时代。那是一个波涛汹涌的求真时代,又是一个清醒而严酷的时代,人们从蒙昧的传说中一旦醒觉过来,不再迷信过去的任何传说而只相信自己的认识,这就是百家争鸣的时代精神。这个时代在我国古代教育史上,写下了异彩纷呈的新篇章,它以崭新的姿容在奔腾澎湃的历史激流中绰约闪耀"。

正如郭齐家教授所说,春秋战国时期是中国社会经济、政治制度发生重大历史变革的时期,是一个新旧交替的时期,旧的秩序已经开始瓦解崩溃,新的制度正在萌发酝酿之中。由于社会生产力的发展,上层建筑随之发生了根本性的变化,由奴隶制社会向封建制社会过渡。这一时期也是中国古代文化史发生重大变革的时期。古老的华夏文明,经历了夏、商、周三代大约一千五百年的漫长发展,到了西周末年,已经有了丰硕的文化积累。同时,也

第二章 儒家教育思想

出现了深刻的社会文化危机,具体表现为王室衰微、礼崩乐坏、诸侯放恣、五霸争雄、天子失官、大夫专权等。因此,古老的中华文明呼唤着新的突破。教育是根据一定的社会需要而进行的培养人的活动,是一定社会条件和历史条件产物,同时它又与民族的文化传统有着密切的联系,作为一定社会形态下的教育,它总是受这一社会的经济基础和上层建筑所支配。如果就文化史本身的发展情况来看,先秦儒家教育思想的产生与如下历史背景有着更为直接的关系。

(一) 生产力的发展与早期文化人的出现

春秋战国时期是中国古代历史上发生重大变革的时期,是由奴隶制向封建制转变的过渡时期。这一切的变化都是由社会生产力的发展引起的。恩格斯曾说,"唯物史观是以一定历史时期的物质经济生活条件来说明一切历史事件和观念"。所以,先秦时期教育思想的产生应从当时的物质经济生活条件来说明。

西周之前,我国古代的劳动人民已经掌握了青铜冶炼和铸造技术,进入了青铜时代。但是,当时的青铜器主要为表示贵族身份地位的礼器和用于战争的兵器、车马器等,并没作为生产工具使用。因此,石制、木制、蚌制工具仍然是当时农业生产的主工具,青铜时代的农业生产仍然未超出原始粗放耕作的阶段。这样的生产力水平将大量的人力限制在物质生产上。这一时期,虽然文化也得到了发展,但是文化的创造推动者仍然是体力劳动者,是体力劳动者在田间地头劳作之余对劳动和人生的感悟。专门从事文化活动只有在生产力发展到相当程度,使文化的生产成为可能和必须之时才会发生。这些条件在当时仍不存在。

但是从西周末年开始,历经春秋战国时代,整个社会发生了天翻地覆的变化,根本原因是冶铁技术的发明使铁制工具被应用于许多领域。铁制工具的使用,带来了一场社会革命,它使人获得了巨大生产力,从而使单个人的农业劳作成为可能。特别是铁犁与牛耕的结合,产生了更大的生产效率，许多荒地被开垦为良田，耕作技术由粗放转向精耕细作，农业产量大增。这批新开垦出的田地相对于公田来讲被称为"私田"。对于这些"私田"，开垦的人们，即私田主，拥有大小不一的自主权，收获物由自己支配，同时还可以用来交换。于是，"私田"数目大幅度上升，耕种"私田"的劳动者愈来愈多，劳动产品也愈来愈多。私田的出现激发了劳动者生产的潜能，其直接的表现就是物质生产的逐渐丰饶。"仓廪实而知礼节"，对物资匮乏的疏离推动了人主体性的日益发展，这就形成了对文化的自觉。

春秋时期社会生产力的发展，促使社会内部发生了新的分工，即体力劳动与脑力劳动的进一步分工，产生了单纯的脑力劳动者，他们的出现，生产和聚集起了早期中国社会的精神财富。马克思和恩格斯认为，"分工只是从物质劳动和精神劳动分离的时候起才开始成为真实的分工。……从这时起，意识才能摆脱世界而去构造'纯粹的'理论、神学、哲学、道德等。"这一次分工是历史的进步。从这一次"真实的分工"出现后，中国历史上产生了专门"志于道"的早期文化人，他们稔熟传统的礼乐仪文，为权族相礼或授徒，成为教育者的前身。

（二）上古时期优秀文化的兴起

中国是世界文明古国之一，具有源远流长的文化传统。以孔子为首创立的儒家教育思想并不是自发形成的，而是与上古时期优秀文化有着不可分割的联系。本书主要从礼乐文化和古代经典文化古籍两个方面来谈一下先秦儒家教育思想与古代文化的联系。

1. 礼乐文化

礼乐文化在上古时代已经存在，它始于饮食、祭祀等日常生活。在原始时代，人们的生活十分简单，为敬鬼神，以求福祐，便有了祭祀，有了礼；为了娱乐鬼神，又有了乐。随着生产力的发展，礼乐在夏、商两代得到了进一步发展。在周朝时，周公开始"制礼作乐"，实际上是对夏、商两代的礼乐加以损益，使之适合周朝的宗法封建等级制度，因而改变了礼乐的性质和社会功能。礼的宗教性被削弱了，不再是"事神致福"的宗教仪式，而是作为宗法封建等级社会的典章制度和人们的行为规范，覆盖社会生活的各个方面。礼乐之所以能够维护宗法封建等级制度，是因为礼乐有分、合两种社会功能，其中礼偏重于分，乐偏重于合。首先，礼在周朝时的根本作用是将处于血缘联系中的全体社会成员区分开来，明确他们各自的等级身份。同时，礼要求每一个人都能自觉遵守这些"度量分界"而不逾越，依礼行事就不会动摇宗法等级制度。其次，乐能陶冶人们的情操，使人性情温良、胸襟豁达。同时，乐还可以消弭卑贱者对尊贵者的怨恨和不满，抵消庶民对贵族的离心倾向，在各等级之间建立和谐的关系，从而使宗法封建等级社会得到巩固。礼乐文明是中国传统文化的重要特色，在奴隶社会起到了一个特殊的作用。

但到了西周末期，由于社会产生了重大的变革，所以礼乐所维护的守法封建等级社会遭到前所未有的破坏，王室衰微，诸侯放恣。于是，一些王室为了保住自己的虚位，对权力大的诸侯曲意逢迎，而一些权力大的诸侯为了彰显自己的权力，有意识地破坏礼制，导致西周末期出现了"礼坏乐崩"的局面。事实上，这并不是礼本身被废弃，当时许多的思想家都提倡"复礼"，并且对"礼"进行理论的论证。以孔子为首的先秦儒家要求"复礼"，因而反映在教育思想中的教育内容含有许多"礼"和"乐"的思想。

2. 古代文化典籍

在远古到秦统一前的漫长的历史阶段中，原始先民们经过长期融合交流所创造的光辉灿烂、生气勃勃的先秦文化，对后世的中华民族的历史文化产生了重大而深远的影响。下面就以《诗》《书》《易》这三部典籍为重点进行阐述。

《诗》即《诗经》，是我国的第一部诗歌总集，收集了从西周初年至春秋中期约 500 年间的 311 篇诗歌，真实地记录了华夏民族的早期发展史。《诗》在内容上分为《风》《雅》《颂》三个部分，其中《风》指十五国风，是各地的民间歌谣；《雅》是王朝都城附近正统的雅乐；《颂》则是王室敬天颂祖的乐歌。《诗》是了解周朝社会的一部大百科全书，大凡周王朝的政治、经济、思想、文化、伦理、道德、习俗、礼节、服饰、阶级斗争等都在《诗经》中有所反映。《诗》里包含了"圣王之志"，从中可以观先王之政绩，助人君之教化；《诗》可以使人修身明道、美饰言辞、扩充知识、陶冶性情，所以《诗经》被誉为古代社会的人生百科全书。

《书》即《尚书》，是中国古代最早的一部历史文献汇编。《尚书》所记载的历史，上起传说中的尧虞舜时代，下到东周（春秋中期），共 1500 多年。它的基本内容是记载了当时的典章制度；记录君臣之间、大臣之间的谈话和祭神的祷告辞；记录了君王和诸侯的誓众辞；记载了帝王任命官员、赏赐诸侯的册命。《尚书》作为我国最早的政事史料汇编，记载了虞、夏商、周的许多重要史实，真实地反映了这一历史时期的天文、地理、哲学思想、教育、刑法和典章制度等，是我们了解古代社会的珍贵史料。

《易》即《周易》，大约形成于西周中期，是我国最古老、最有权威、最著名的经典之一，是中华民族聪明智慧的结晶。在几千年的历史长河中，它历经种种坎坷与考验，或褒或贬，时衰时兴，却依然默默地为中国文化和世界文化做出重大贡献。《周易》这部书，讲的是理、象、数、占。它所论述的核心问题是运用一分为二、对立统一的宇宙观，去揭示宇宙间事物发展、变化的自然规律。这部书中还收录了当时自然科学，如天文学、古气象学、古代数学的成就，以及在社会生活中经常接触的复杂现象，并且又力图对这些现象作种种解释和说明。

礼乐文明的发达和古代文化典籍的传播，奠定了儒家教育思想产生和发展的文化基础。而礼乐文化和古代文化典籍也成为后来先秦儒家教育思想中的教育内容，确立了教育思想的指向性。

(三)"人本"的兴起

中国早期的社会，由于生产力低下，科学不发达，先民们对于自然现象、社会现象，以及人自身的生理现象不能做出科学的解释，认为在事物背后有某种神秘力量支配着世界上的一切，因而产生了对神的崇拜、迷信。于是，在远古时代，中国已经进入了"神本主义"时期，"天命"观念深入人心。到了商代，人们依然尊崇祖宗的亡灵，迷信上帝的权威，甚至连山岳川泽也加以祭奠，对四方风名、方名也加以顶礼膜拜。如《礼记·表记》中所说："殷人尊神，率民以事神，先鬼而后礼。"

到了西周末期，随着自然科学知识、天文学、医学的发展，以及周天子统治权威的丧失，旧的"天命"观念发生动摇，人的作用和价值开始受到重视。《左传·庄公三十年》中说："神聪明正直而壹者，依人而行"。这种人治重于神治意识的产生，归根结底是由于贵族政治的崩溃。"周礼"虽然是继承夏商之礼而有所损益，但其主导精神却由"神本"向"人本"转变，正如有些学者所指出的，"周代的礼乐体系就是在相当程度上已'脱巫'了的文化体系"。

特别是到了西周末年以后，更是出现了一股疑天、疑神、疑鬼的思潮。天、鬼、神的地位虽然没有被彻底推翻，但人们对鬼神采取既不轻慢也不亲近的态度，而且也已认识到"天道远，人道迩"，开始重视人事，以人为天地之心。当时的一些杰出思想家富于创造性思维，并具有活跃的独立思考能力，不仅对构成人类生活环境的宇宙的本质产生了一种理性认识，而且能站在理性的高度，把现实的人作为独立的认识对象加以认识。他们探索了人生哲学中的重大问题，如人生价值观、人生态度、义利观、生死观、幸福观、人生理想境界观、人的处世哲学与人际关系论，等等。人本精神的兴起，使人的地位得到空前的提高，人们越来越重视自身的发展。人们对自己的精神力量和认识能力的自信较以前有了很大的提高。先秦儒家的教育思想中就饱含了"人本"的思想，提升了人的价值，处处把人作为文化的主体。所以，

"人本"思想为先秦儒家教育思想中把教育的对象确定为"有教无类"奠定了基础。

(四)"士"的壮大

先秦时期,"士"这个词所指的对象很复杂。有的指丈夫、男子汉,如《诗·卫风·氓》中的"士也罔极,二三其德";有的指殷遗民,如《尚书·多士》中的"告尔殷多士";有指执干戈以卫社稷的军人,如《周礼·夏官·司马》中的"百人为卒,卒长皆上士";有的指位居大夫之下的贵族最低层,如《左传·昭公七年》中的"大夫臣士,士臣皂";有的指官僚的后备队伍、知识分子,如《礼记·王制》中的"论进士之贤者以告于王,而定其论。论定然后官之"。下文就来分析一下"士"产生、发展与壮大的过程。

周代有发达的史官制度,《周礼·春官》记载周王室设有五史,即大史、小史、内史、外史、御史。史官们掌管着官方丰富的典章文献,且分工特别细。《周礼》详细记录了周代史官执掌典籍的情况,如"大史掌建邦之六典""小史掌邦国之志""内史掌叙事之法……掌书王命"、"外史掌四方之志……掌三皇五帝之书"等。这类官职是父子相传,世代相守的,即"旧法世传之史"。所以,龚自珍说:"周之世官大者史,史之外无有语言焉;史之外无有文字焉;史之外无有人伦品目焉。史存而周存,史亡而周亡。"这个时期的文化,其实完全掌握在统治者的手中,史官便是统治者实行思想政治统治的工具,是典型的文化官员。

随着周王朝的衰落,诸侯国兴起,周王朝的史官纷纷流向各诸侯国,于是当时的社会出现了礼崩乐坏、天子失官、学术四散的局面。由于史官流向诸侯国,使得以前被控制在官府的文化典籍摆脱了官府的控制而下放到民间,激发了平民百姓接受教育的欲望,也促进了"私学"的产生。一部分的史官仍旧保持原有的性质,与巫、祝、卜、筮同类;另一部分则被迫脱离史官职位,流落四方。因为他们都属于有文化知识的人,想要在社会中谋生,就必须发挥自己的一技之长,以传授为业,这一部分人最后转变成了"士"阶层。

当历史进入春秋时期,随着巨大的社会变革,社会进一步分工,士阶层内部也发生了很大的变化。有一部分士在诸侯争霸的战争中建立了军功,获得"赏田",从而跻身新贵行列;另一些士则以所掌握的礼乐仪式方面的知识技能为业,其职能也渐渐由武转文,逐渐形成一个游离而独立的文化阶层。到了春秋末战国初期,士阶层的来源已不仅限于原先的贵族,一般的平民百姓只要通过学习都可以进入士阶层。所以,当时有许多下层民众开始学习射、御、礼、乐等知识和技能,希望改变自己在社会中的地位。

当时的"士"阶层一般都掌握一定的学问知识,或者某种专门技能,思想十分活跃。"他们或开门授徒,讲道论学,或周游列国,或充当门客,出谋献策"。由于士脱离了生产劳动,生活没有保障,所以他们必须依附于当时的权贵以获得衣食。春秋战国时期,各诸侯之间竞争激烈,因而统治者对人才普遍比较重视,士阶层的地位在当时日益提高。但是,这时期的士阶层不同于以往的巫、史,他们不必固定依附于某一政权或某个君主,而是一个具有相对独立性和流动性的文化阶层。这样一个阶层为中国古代学术领域百家争鸣局面的出现、为促进文化科学的发展做出了很大的贡献。这一个阶层还成为春秋时期的教育者,向受教育者教授他们的学问知识和技能,促进了"私学"的出现与发展。

春秋战国时期百家争鸣,而私学也冲破了"学在官府"的封闭式的旧传统,使学校向民间开放,授教者以私人的身份在各个国家自由讲学,受教育者也可以自由选择教师。同时,教学内容和现实生活产生了广泛的联系,一改西周时期官学僵化死板、远离实际的学风。思想解放、尊重理性、重视对真理的探讨是当时学术气氛的最好写照,大大推动了中国的学术思想、科学技术、教育思想的快速发展。百家争鸣促进了教育思想的发展和教育经验的丰富，以孔子为代表的先秦儒家教育思想便在此时登上了历史的舞台。中国古代的教育思想由此进入了一个前所未有的辉煌时代。

二、儒家教育思想的发展

儒家教育思想的发展贯穿整个封建社会教育发展全过程。春秋时期，社会大变革和文化下移的趋势都迫切需要教育理论有所发展。因此，在主客观条件的驱动下，孔子教育思想应运而生。

孔子是儒家教育思想的奠基者、创始人，同时他还是我国私学的开创者。孔子生于春秋末期，当时正是中国古代社会动荡最剧烈的时期。孔子年少时"贫且贱"，曾在鲁国季氏门下担任过小吏。三十岁以后办私学，开始收学徒讲学，儒家教育思想萌芽初现。五十岁以后，孔子出任鲁国的中都宰，官至司寇不久后辞职，率领众弟子周游列国，宣传他的思想，力图恢复周礼，但受到当时以诸侯争霸为主的历史背景的影响，他的政治主张终究没有得到实现。六十八岁的孔子重返鲁国，致力于讲学直到逝世。期间，孔子培养了大批在社会各领域有杰出成就的人才，史称孔子有"三千弟子"，其中颇具影响的是"七十二贤人"。孔子的教育活动为我国留下了宝贵的教育思想，甚至影响了我国整个封建社会。正是因为孔子的讲学立著，才开创了儒家学派，开创了中国教育的新纪元，奠定了中国教育的基础。

孔子教育思想是孔子继承了以往的教育思想遗产和六艺教育传统，并结合自身《诗》《书》《礼》《乐》文化素养和私学教育实践经验而发展起来的。战国时代出现了"百家争鸣"的局面，教育思想空前活跃，是中国古代教育思想史上的一个高峰，促进了孔子教育思想的发展。

继孔子之后，儒家教育思想较为有影响力的代表人物是孟子，他继承并发展了孔子的学说，使儒家的教育学说得到了更好的发展和完善。孟子出生在战国时期，曾跟随孔子之孙子思的门人学习，他年轻的时候受到孔子"德政""礼治"思想的熏陶,致力于到各国游说宣传儒家"仁政"的政治主张。但和孔子一样,受到当时以诸侯争霸,扩张领土为主的时代大环境影响,他的主张并没有得以实现。晚年的孟子回到家乡开始从事教育活动,他广收弟子,宣传弘扬孔子的学说并著书立说,培养了公孙丑、乐正子、公都子等一批优秀人才。

荀子是继孔孟之后,儒家教育思想的又一代表人物。他继承孔孟学说的同时又有创新,他的影响力虽不及孔孟,但也给后世留下了宝贵的教育思想和教育著作。荀子曾在齐国游学,对各派学说都有接触,培养了韩非、李斯等对中国历史很有影响的学生。

到了汉代,董仲舒独尊儒术、兴太学、重选举的建议被采纳后,尊儒、教育和选士三者之间被紧密地结合起来。从此,汉朝太学、地方官学和私学等各类学校相继发展起来,学校教育以儒家经籍为基本教学内容。同时,在选士制度的激励下,以"三纲""五常"为核心的封建伦理和培养援儒饰法的治国人才理念得以推行。在董仲舒的建议下,汉武帝"罢黜百家,独尊儒术",不仅确立了儒学的独尊地位,而且在教育制度、设施、内容、形式等各方面为后来整个封建时代的教育打下了坚实的基础。至此,儒家学说成为官学,儒家教育思想成为正统的教育思想,并对之后的中国产生了长达两千余年的深远影响。

魏晋南北朝时期,儒学教育被当作各王朝官学制度的主流,而到了隋唐时期,统治者较为开明的崇儒兴学政策为儒家教育思想的发展提供了重要条件。

宋明时期,理学成为儒学的新发展,经历了周敦颐、张载、程颢、程颐的发展,直至南宋朱熹而集大成。

朱熹是孔子之后,对我国教育最有影响力的人物之一。朱熹曾做官十四年,讲学长达五十年之久,他的教育思想对宋代及后人影响很深。朱熹是南宋诗人、哲学家,宋代理学的集大成者,更是一位伟大的教育家。朱熹为绍兴十八年（1148年）进士，绍兴二十一年（1151年）授任泉州同安主簿，任满后，潜心研究理学并四处讲学，宣扬他的哲学思想、理学思想、教育理论，成为程朱学派的创始人。他的学术思想一直是元明清代封建统治阶级的官方哲学。朱熹一生著作颇丰，其中哲学著作有《四书集注》《四书或问》《通书解》《太极图说解》《周易本义》《西铭解》《易学启蒙》等，此外还有他与弟子们的问答录——《朱子语类》。理学著作主要有《四书章句集注》《楚辞集注》《朱子大全》《朱子语录》等。朱熹长期从事讲学活动，精心编撰了《四书章句集注》等多种教材，培养了众多人才。他的教育思想博大精深，其中尤以关于"小学"和"大学"教育的论述以及"朱子读书法"最为著名。

不可否认，朱熹的有些教育思想脱离它的历史背景会因有所局限而被人诟病，但作为一个教育家，朱熹是伟大的。余秋雨曾这样评价他——"朱熹是一位一辈子都想做教师的学者"，伟大诗人辛弃疾曾称赞朱熹"历数唐尧千载下，如公仅有两三人"。以一般的眼光来看，朱熹作为一名学问家已经没有必要再去做教师了，而且从社会地位来看，他曾官拜焕章阁侍制并侍讲，为宋宁宗讲学，不必靠当教师来显身扬名，但朱熹有自己的考虑，他说："人性皆善，而其类有善恶之殊者，气习之染也。故君子有教，则人皆可以复于善，而不当复论其类之恶矣。"又说："惟学为能变化气质耳"。

宋辽金元时期的教育在儒家教育发展过程中占有重要地位。宋朝统治者推行"兴文教"政策，尊孔崇儒，重视科举，重用士人，建立了完备的官学教育体系，儒学教育制度不断发展；辽、金、元的统治者推行"汉化"政策，书院制度得以确立，儒学教育制度得以不断完善。明朝的教育虽继承与发展了唐宋以来的教育，但也有自己的独特风格和特点。明初统治者推行"治国以教化为先，教化以学校为本"的文教政策，形成了完备的教育体系，探寻出许多有效的经验，并丰富了儒学教育的内容。清朝统治者在立国之初便确立了"兴文教，崇经术，以开太平"的文教政策，以儒家经术作为巩固统治的精神支柱，对儒家教育思想的发展起到了积极的作用。儒家教育思想的产生离不开儒家文化蕴含的思想资源和精神动力，其形成和发展受中国封建统治阶级和封建教育思想的影响，是儒家教育文化理性抉择的结果。

第二节 儒家教育思想的基本内涵

先秦时期是中国文化发展的第一个鼎盛时期，在这一时期诞生的诸多儒家学者中，最有代表性的就是孔子、孟子和荀子，他们对我国传统儒家教育思想的传播与发展做出了不可磨灭的巨大贡献。

一、孔子教育思想之阐述

（一）教师职能

儒家的教育宗旨，关于教师职能可以用六个字来概括——传道、授业、解惑。

所谓"传道"，就是传授儒家之"道"，具体包括立身处世的为人之道，治国、平天下的内圣外王之道，等等。这些都集中体现在"人伦"方面，所谓"人伦"，即"五伦"，具体指夫妇、父子、兄弟、君臣、朋友五者的相互关系。儒家教育的宗旨是要人们"明人伦"，就是使他们明晰并处理好这些关系，使之彼此协调和谐，最终达到治国平天下的目的。

所谓"授业"，就是传授专业知识。孔子在传授知识时采取分科分层次教学法，不同的人水平、兴趣不同，传授的知识也有所不同。首先，他依据学生不同的兴趣和特长，将课程分为德行、政事、文学、言语四科；其次，他按照水平的不同将课程设置为初等教育和高等教育两种。初等教育的内容就是礼、乐、射、御、书、数这六项日常应用的礼节和技艺，而高等教育则是学习《诗》《书》《礼》《乐》《易》《春秋》这六部文献，其中的《易》《春秋》又属于最高一档的教育。

"解惑"就是解答学生提出的疑问。关于这一点，无需过多解释。在孔子看来，教育学生不单单是传授知识，更重要的是应教会学生如何"做人"，用今天的话说就是树立正确的人生观，这是教育的第一要义。也就是说，孔子认为，在传道、授业、解惑这三者中，"道"是根本。但无论是传道、授业还是解惑，他都主张要"学以致用""知行合一"，他反对死读书，读死书，要求学生把学习和应用联系起来，主张理论和实践的真正结合。孔子说："诵《诗》三百，授之以政，不达；使于四方，不能专对；虽多，亦奚以为？"如果不能把学得的知识应用到社会实践中去，即使书读得再多又有何用呢？

（二）为师之道

为师之道，就是孔子认为教师所应有的职业要求，具体有以下几个方面。

1. 教学精神方面——学而不厌，诲人不倦

教学活动，从本质上讲是师生双向互动的过程。只有将教学双方的积极性都发挥出来，才能获得较好的效果。而在这二者中，最重要的是教师积极性的充分发挥，因为只有教师自己做到"学而不厌"，才能掌握更多的知识，不断地丰富和提高自己，并以更高的理论水平给予解答，学生也才能学得更好。

如果说"学而不厌"能使教师达到"博学""多能"，具备教育学生的资本的话，那么"诲人不倦"的态度，就是教师应有的品质，是教好学生的前提，也是为师之道的基本精神。

提到"诲人不倦"的教学精神，应该说孔子为当今的教师做出了榜样，可称其为他们的楷模。孔子教学生很尽心，他那时不像现在这样可以采取班级制授课，教师给很多学生一同讲授。在当时，由于每个学生的出身、个人经历、年龄、基础水平等方面都各不相同，所学内容又不同，所以他们对问

题的理解和看法也不尽相同。但当学生向他提出各式各样的问题时，孔子从来都没表示过厌烦，总是耐心地予以回答。正是由于他的这种"诲人不倦"的精神，才使这些学生在他那里得到较大的收获。

2. 对待教育对象方面——有教无类，因材施教

在教育对象方面，孔子提出了"有教无类"与"因材施教"辩证统一的原则，并将二者在教育实践中达到了高度的统一。"有教无类"体现了招收学生时的一视同仁，平等看待；"因材施教"则体现了在具体教育中根据每个人的不同资质而有区别地施教。

所谓"有教无类"，就是在选择教育对象时不分贵贱贫富和种族。孔子说："自行束修以上，吾未尝无诲焉。"这里的"束修"是十条腊肉干，是学生对老师表示敬意的见面礼。虽是薄礼，但孔子却很重视，因为这是确立师生关系的见证，所以只要是持"束修"之礼前来拜他为师的，孔子就不分贵贱、贫富，不分智愚、老少，不分国籍、种族，全部接收。因此，他的学生来自各个阶层、各个行业，甚至有时是父子二人同居孔子门下，且终生追随其左右的也不乏其人。

在"有教无类"的基础上，孔子在长期的教学实践中创造了"因材施教"的教育原则。他认为，人们不仅在智力上有差异，其能力、性格、志向、爱好、学习态度也各不相同。因此，在教育过程中应"因材施教"，他认为，因材施教应以充分尊重个体的差异为前提，只有这样才能做到有的放矢地进行差别教学，使每个学生都能扬长避短，获得最佳发展。

孔子门下学生众多，人才济济的原因就是他遵循"有教无类"，不拘一格的招生原则。同时，他"因材施教"的教育原则，使得他在教育上成就卓著，为社会培养出许多各方面的精英。

3. 教育实践方面——躬行实践，身教重于言教

由于青少年模仿性强、可塑性大的特点，因而在对学生进行教育时，孔子主张"言教不如身教"。他认为，教师应是学生的楷模，要以身作则，身

体力行，以自己的实际行动为学生做出榜样，从而影响学生，最终达到潜移默化的教学目的。

4. 教学方法方面——启发式教学，达到教学相长的效果

在教学方法上，孔子不是采用灌输式的方法，而是注意对学生的启发诱导。通过启发诱导的办法使学生开动脑筋，探索事物的所以然，从一点联系到另外一点或是几点。他说："不愤不启，不悱不发，举一隅不以三隅反，则不复也。""愤"是指学生动了脑筋思考，但仍然没有想通，或是想通了一点，而未能完全解决，在求知欲的驱使下，迫切盼望问题能够解决的状态。这时教师启发他一下、指点他一下，他就会豁然贯通，这就是"启"。"悱"是指心里虽然明白，但却说不出来，或词不达意。这表明还未达到完全明白，真正了解的状态，这时教师就应该引导学生进行深层思考，帮助他们理清思路，抓住事物的本质属性，使其了解透彻。孔子认为，这样能起到举一反三的作用，同时也能训练和增进学生的积极思考和独立思考的能力，使学生真正达到乐学、好学的境界。这应是教学上最好的经验和方法。

此外，孔子还善于根据学生的特点运用表扬与批评相结合的方法施教。同时，还采用"能近取譬"及"举善而教不能"的办法教学。"能近取譬"就是通过旁征博引，由近及远，由浅入深，使人易于理解，乃至引人入胜。"举善而教不能"则类似于树立榜样，使同学之间互相学习，互相促进，共同提高。如果哪个学生心中有疑问，向他提问题，他通常并不立即回答，而是从正反两方面加以启发，使其独立思考，然后得出结论。

孔子在教育上取得的卓越成就，可以归功于他善于灵活运用各种教学方法。同时，他自己也在此过程中不断地受到启发，积累经验，取得了"教学相长"的效果。

5. 师生关系方面——关心、爱护学生

孔子对于学生，既有严格要求的一面，也有关心爱护的一面。他时时关心学生的思想、学习与生活状况，对他们关怀备至。具体表现在以下几个方

面：首先，在教学上，孔子始终坚持以"诲人不倦"和"循循善诱"的精神教育学生，这是他对学生最大的爱护。其次，孔子在生活上是很关心学生的，特别在学生生病或是有家人去世时，对他们更为关心。再次，孔子在学生面前是很平易近人的，完全没有非常严肃的样子，他偶尔也和学生开些玩笑。最后，他十分了解学生的才识，对于他们的特长、兴趣和适宜干什么工作，他都做到胸中有数。孔子的这种真正了解学生和求实的精神是很难得的。

尊师与爱生从来都是相辅相成的。孔子对学生的关心爱护，自然会带来学生对他的敬佩与尊重。他们真正做到了"师徒如父子"。这句话有两层含义：一方面是指"师"与父母一样的尊贵；另一方面是指教师对待学生，要像父母对待子女一样的关怀备至，精心培育，严格要求。父、师以"圣人"之道教育弟子，弟子则应听从父、师的教导，继承父、师的事业。

（三）求学之义

孔子认为，求学最根本的问题在于要有学习的兴趣。学习应是一个由知到学、到爱好学、到以学为乐，最终成为求学者这样一个逐渐深入的过程。如果学生能把学习当作一种追求和爱好的话，那就不愁学不好了。

求学光有兴趣是不够的，还要立志，即要有明确的目的。目的明确了，水平才能提高，才能学到真正的知识。另外，还要有诚实、谦虚、持之以恒的治学态度。

二、孟子教育思想之阐述

（一）教育对象方面——得天下英才而育之

如果说，在孔子时，儒家的精英式教育主张还不够明显，那么到了孟子这一时，这种教育主张就已经非常明显了。孟子曾说："君子有三乐，而王天下不与存焉。父母俱存，兄弟无故，一乐也；仰不愧于天，俯不怍于人，二乐也；得天下英才而教育之，三乐也。君子有三乐，而王天下不与存焉。"

孟子认为，君子的快乐有三种，得到天下优秀人才对他们进行教育是其中的一种快乐。所谓"善政,不如善教之得民也。善政民畏之,善教民爱之;善政得民财,善教得民心。"在孟子看来,施仁政实现"王天下"的政治理想固然重要,而教育的作用不亚于善政。"人之有道也,饱食、暖衣、逸居而无教,则近于禽兽。"意思是,吃得饱,穿得暖,住的安逸,却没有教育,也就和禽兽差不多。因此,孟子对教育的重视不言而喻。同时,孟子认为,每个人的内心都存有"仁义礼智"四种善念,这四种善念的内涵分别是:"恻隐之心,仁之端也;羞恶之心,义之端也;辞让之心,礼之端也;是非之心,智之端也。人之有四端也,犹其有四体也。"这也是儒家所认为的君子应当具备的四种德行操守,也就是说,每个人生来都有这四种善念的萌芽。但这些善念需要后天的教育将其扩而充之,才能发挥出他们应有的作用,否则,这四种善念便有可能泯灭。这也就说明了孟子所认为的本质的人性需要先天本性和后天的教育共同作用才能显现出来。人的先天本性是一样的,只有后天的教育才会使人具有差异,教育的作用表现在两个方面:一方面是对人而言,教育的作用在于扩充善性。人应该意识到先天赋予自己的"善端",将其进行扩充,把那些丢失的"心"找寻回来,使这颗纯善之心得到完善,在待人待物上能够遵循本心,做出正确的判断,从而达到孟子所言的"理想人格"。另一方面是对社会国家而言,教育的作用在于维持社会的安定,实现国泰民安。社会成员在教育的作用下具有极高的道德素养,人与人之间和谐相处,社会安定有序地运转。

既然人人都心存善端,教育又能帮助扩充这种善端,那么是不是所有人都能够被教育呢?显然,在孟子这里并不是这么认为的。就像孟子曾说的:"伯夷,目不视恶色,耳不听恶声。非其君,不事;非其民,不使。"意思是,伯夷,眼睛不看丑恶的事物,耳朵不听丑恶的声音。不是他理想的君主,不去侍奉;不是他理想的百姓,不去使唤。而孟子则是"非其生,不教",不是他理想的学生,则不去教育。所谓"得天下英才而教育之",英才才是孟子心中理想的好学生。其实,这也不难理解,从孟子与齐宣王、梁惠王、梁襄王的一些对话中可以看出来，孟子给人的印象是一个不畏强权、敢为天下人请命的殉道者，舍生取义、敢为天下先的勇气是孟子所有的。这样的一个人，在从事教育时，必然是有所要求的，那些不思进取，庸俗的人，孟子是不会甚至不屑进行教育的。同时，孟子所处的是一个诸子百家争鸣的时代，当时杨墨两家之言充斥天下，其他各派也纷然杂立，"圣王不作，诸侯放恣，处士横议，杨朱、墨翟之言盈天下。天下之言不归杨，则归墨"。为了维护孔子的学说，孟子就不得不与其他各派进行辩论。

孟子对天下的百姓不是信从杨朱就是信从墨翟而感到非常忧惧，于是不得不站出来为古代圣人的学说立言，反对杨、墨的谬说。因为这些邪说，不仅会危害工作，进而还会危害到政治，天下也就不能安定了。与此同时，不惜殉道的孟子极度渴望贤才、英才，那些容易被邪说诱惑的人，不足以同孟子一起共事，只有能够辨别真正的圣人之说的弟子才能跟孟子一同"手援天下"。在那个战争频起的时代，想要道济天下，就必须要有殉道的精神。而有殉道精神的人，又怎么可能是那些普通民众呢？因此，孟子的精英式教育主张可谓是非常的凸显了。

（二）教育内容方面——礼不复存之义凸显

孟子"义"思想的形成和完善是通过他对告子"仁内义外"思想的批判开始的。

《孟子·告子章句上》告子曰："食色，性也。仁，内也，非外也；义，外也，非内也。"

孟子曰："何以谓仁内义外也？"

孟子曰："彼长而我长之，非有长于我也；犹彼白而我白之，从其白于外也，故谓之外也。"

孟子曰："异于白马之白也，无以异于白人之白也；不识长马之长也，无以异于长人之长与？且谓长者义乎？长之者义乎？"

孟子曰："吾弟则爱之，秦人之弟则不爱也，是以我为悦者也，故谓之内。长楚人之长，亦长吾之长，是以长为悦者也，故谓之外也。"

孟子曰："耆秦人之炙，无以异于耆吾炙。夫物则亦有然者也，然则耆炙亦有外与？"

从上面的这段话可以看出，告子认为仁是内在的东西，义是外在的东西。也就是说，在告子看来，仁爱之心皆由内而发，可以称之为本性、本能，具有内在性和先天性的特点；义是顺应、适应社会现实而产生的，是人的一种生存方式、方法，具有外在性和后天性的特点。那么，人们行事只需尽力发挥出"仁"的作用便可，无需求助于外在的"义"。这一观点，不仅把"仁"和"义"割裂开来，更是误导了人们对仁义关系的正确理解。

与告子持不同的观点，孟子认为"仁"与"义"具是内在的，二者之间是有联系的，仁义相辅相成，割裂而谈难免会陷入矛盾之中。

孟子曰："人皆有不忍人之心。先王有不忍人之心，斯有不忍人之政矣；以不忍人之心，行不忍人之政，治天下可运之掌上。所以谓人皆有不忍人之心者，今人乍见孺子将入于井，皆有怵惕恻隐之心；非所以内交于孺子之父母也，非所以要誉于乡党朋友也，非恶其声而然也。由是观之，无恻隐之心，非人也；无羞恶之心，非人也；无辞让之心，非人也；无是非之心，非人也。恻隐之心，仁之端也；羞恶之心，义之端也；辞让之心，礼之端也；是非之心，智之端也。人之有是四端也，犹其有四体也。有四端而自谓不能者，自贼者也；谓其君不能者，贼其君者也。凡有四端于我者，知皆扩而充之矣，若火之始然，泉之始达。苟能充之，足以保四海；苟不充之，不足以事父母。"

在孟子看来，恻隐之心、羞恶之心、辞让之心、是非之心皆来自人的内心，是一种本能。而这四心又分别是仁、义、礼、智所形成的依据。且这四种德性，犹如四肢一样，被赋予人，有的人感受到它们的存在便晓得扩而充之，成为君子；有的人没有感受到它们的存在，则流于平凡。所以，"仁义礼智，非由外铄我也。我固有之也，弗思耳矣"。不可否认的是，相对而言，孟子所讲的"仁"更偏向于人内心的想法，而"义"则偏向于人的行为规范。也就是说，孟子主张的"仁"是内向的，"义"是外向的，内心深处的"义"是可以通过外在的行为表现出来的。比如，在《尽心下》中孟子就曾这样说："人皆有所不忍，达之于其所忍，仁也；人皆有所不为，达之于其所为，义也。"在这里，"忍"是活动于内心的，而"为"是活动于外界的。而告子正是混淆了这一点，将"仁"置于内，"义"置于外，提出"仁内义外"的观点，这是错误的。

虽然"义"能通过外在的行为表现出来，但孟子所讲的"义"并不是孤立存在的，而是与仁礼智等众多范畴联系在一起的，其中尤与"仁"的关系最为密切。孟子曾说："仁，人心也；义，人路也。""仁"是人的本心所在，那么"义"就是人们顺着本心所走的正义之路。有善良的本心，但没有走正路，是不可取的；没有善良本心，即使有路那也不是正义之路。因此，仁义是相辅相成的，缺一不可。对于那些"言非礼义"，自己残害自己的"自暴者"，我们没必要对他讲有价值的言语；对于那些不能"居仁由义"，自己放弃自己的"自弃者"，我们也没有必要告诉他任何有益的事情。因为自害其身的人，不知道"礼义之为美"而非毁之，即便给他们讲了，他们也未必相信。而自弃其身的人，好像了解"仁义之为美"，但因为他们沉溺于怠惰之中，也必将对自己说仁义行不通，因而也不会做出任何对社会和他人有益的事情来。但是，假如人人都能认识到"人皆有所不忍，达之于其所忍，仁也人皆有所不为，达之于其所为，义也"的道理，并且"居仁由义"，将一切都付之行动，他必将成为天下之"达尊"。他所治理的国家必将政治清明、国泰民安，必将社会和谐、人们安居乐业。

(三) 学习方式方面——强调内心的感受

孟子曰："源泉混混，不舍昼夜，盈科而后进，放乎四海。有本者如是，是之取尔。苟为无本，七、八月之间雨集，沟浍皆盈，其涸也，可立而待也。故闻声过情，君子耻之。"

这是孟子在《离娄下》里所说的一段话，大意为，泉水的本源是海洋，所以泉水能够一直奔流直到回到海洋中，而雨水没有本源，即使一时之间将大小沟渠都灌满，但干涸也是瞬间的事，所以具有本源的东西才可以持久、永恒。对于学习，孟子也是这样认为的，要先寻求内心的本源依据，这样学问才可以长久地保存。所以在学习方式上，孟子强调的是内心的感受和判断，注重内省。"仁者如射，射者正己而后发；发而不中，不怨胜己者，反求诸己而已矣。"遇到挫折时，首先要做的不是去怨恨那个打败自己的人，而是从自己身上寻找原因。通过自己的内求，去达到自己的目的，这是孟子所提倡的，也正与其重义的思想相契合。"义"与"礼"不同，强调的是内心的感受和判断，学习也正应如此，应寻求内心的本源，由内至外达成一致。但并不意味着内省的结果一定是正确的，评判的依据应是人的内在本性，即人性本善，只要将人内心所固有的善端扩而充之，即能形成正确的知识观和价值观。

正如孟子的一句经典名言，"尽信《书》，则不如无《书》"，独立的思考和见解才是孟子认为学习中更为重要的部分。"不以文害辞，不以辞害志。以意逆志，是为得之"，学习就应以自己的切身体会来理解，而不是拘泥于条框之内。

三、荀子教育思想之阐述

（一）教育目标方面

荀子的教育目标和孔子、孟子的培养那种注重个人气节、情操的君子不一样，而是要培养一种实用人才，"学恶乎始？恶乎终？曰……其义则始乎为士，终为圣人"。荀子认为，教育要依据德才兼备、言行并重的标准培养各种人才。所谓德，即既忠于君主，又保持自身的独立人格，办事公正，是非清楚，不追求物欲的满足。所谓才，则是指能自如地运用礼法治国安民。荀子将选才标准定为这样几等，言行俱佳者，"国宝也"；拙于言而擅长行者，"国器也"；长于言而拙于行者，"国用也"；口善言，身行恶，"国妖也"。他认为,"治国者敬其宝,爱其器,任其用,除其妖。"显然,荀子的选才主张,于德才中重德,于言行重行。所以说,荀子的教育目标更具有现实性。但是,荀子也认为君子应当具有纯粹的品德和独特的情感。"身劳而心安,为之;利少而义多,为之""良农不为水旱不耕,良贾不为折阅不市,士君子不为贫穷怠乎道。"在荀子的心目中,君子把完美的志向看得高于富贵,把道义看得重于王公。

(二) 教育内容方面

关于教学内容,荀子继承儒家的传统,以《诗》《书》《礼》《乐》《春秋》为教材。他说:"《书》者,政事之纪也;《诗》者,中声之所止也;《礼》者,法之大分,类之纲纪也。故学至乎礼而止矣。夫是之谓道德之极。《礼》之敬文也,《乐》之中和也,《诗》《书》之博也,《春秋》之微也在天地之间者毕矣。"在诸科目中,荀子认为《礼》的地位最高,是学习的核心内容。其次他十分强调《乐》的教育,《荀子·乐论》中指出"夫声乐之入人也深,其化人也速"。因为好乐是人之天性,通过乐教可以起到"导情"的作用。荀子像孔子一样主张礼乐交用,因为它们可以感化心灵,调节上下关系,融合人的性情。"乐也者,和之不可变者也;礼也者,理之不可易者也。乐合同,礼别异。"虽然礼乐都体现统治者的意志,但是乐的潜移默化作用显著于礼。乐教的目的在于"以导制欲",乐教是礼教的重要补充。

(三) 教学方法方面

荀子继承了孔、孟的思想,认为要塑造出完美人格的"君子",就必须深入了解受教者的个性特点,尤其是缺点,要有针对性地进行施教。他认为,学者往往存在四种弊端,即"问楛者""告楛者""说楛者""有争气者"。因此,教者就应该采取相应的矫正方法加以克服,使其达到"礼恭""辞顺"和"色从"。否则,"未可与言而言,谓之傲;可与言而不言,谓之隐;不观气色而言,谓瞽。"只能事倍功半。从而,他提出了教者要从受教者的实际情况出发,做到"不傲、不隐、不瞽,谨顺其身"的主张。他还曾说:"治气养心之术:血气刚强,则柔之以调和;知虑渐深,则一之以易良;勇胆猛戾,则辅之以道顺;齐给便利,则节之以动止;狭隘褊小,则廓之以广大;卑湿、重迟、贪利,则抗之以高志;庸众驽散,则刧之以师友;怠慢僄弃,则炤之以祸灾;愚款端悫,则合之以礼乐,通之以思索。"认为调理人们的性情和教育人们的正确的思想方法,要因人而异,不能千篇一律、万人一面。

第三节 儒家教育思想的主要特点

一、道德教育是儒家教育思想的核心

无论是先秦时期的儒家代表人物还是之后的儒家的代表人物,在他们的思想学说中都非常重视对人的高尚品德的培养,而"仁、义、礼、智、信"等道德条目作为人最基本的道德品质被儒家的先哲们进行了深刻的论述并从自身出发去践行。从古至今,在儒家教育思想的教导和影响下,很多先哲都将儒家的道德标准作为他们的人生信条,并在实践中捍卫着这些道德标准。

二、爱国主义教育色彩浓烈

在儒家学说中,最重要的一部分就是"治国论"的学说,而儒家的"治国论"学说除了主张统治者施行"仁政"之外,也很强调"忠君爱国"。在我国古代,君权作为最高的权利被当作国家的象征,儒家学说主张对君主忠诚,从"国而忘家,公而忘私"到"先天下之忧而忧,后天下之乐而乐"到"人生自古谁无死,留取丹心照汗青"到"天下兴亡,匹夫有责",除了系统地对忠君爱国思想进行论述外,几乎历代所有的儒士都主张将国家的兴衰与存亡作为个人终生奋斗的目标和职责所在,在这种思想的影响和教育下,在

国家面临危难之时，涌现出许多仁人志士为国捐躯。这反映出儒家的爱国主义思想教育的成功之处。

三、儒家教育思想倡导和谐

提倡和谐是儒家教育思想的一大特点。儒家思想不仅注重人与自然的和谐，如提倡要顺应四时、万物的生长规律，反对涸泽而渔、焚林而猎，更加强调人际关系的和谐，主张人与人之间要做到礼让、宽厚，和睦相处。"礼之用，和为贵。""天时不如地利，地利不如人和"就是讲人际关系和谐的重要性。但是儒家提倡的"和"并不是要做到整齐划一，而是提倡和而不同，"夫和生实物，同则不继"就是强调各种不同的要素要在一种合理和谐的状态下共生。

四、儒家教育思想凸显创新精神

无论是儒家思想的创立，还是其后对儒家教育思想的继承和发展以及完善的过程，本身就是一种创新。孔子生活在春秋时期，在一个礼崩乐坏的时代里他提出了与当时时代现象相反的政治主张——实行"仁政"，企图通过自己的主张建立一个和谐的新社会，这种敢于打破时代局限，提出一种新的社会观念就是一种创新精神。其后的孟子、荀子等人都勇于突破前人，提出自己独特的见解，表现出对于学术的孜孜追求与不断创新。

第四节 儒家教育思想的当代价值及启示

一、中国当今教育中存在的问题

（一）教师职能方面——只授业不解惑，只教书不育人

现在个别教师的师德很差，他们对待教书的态度就是简单地应付，为了

工作任务而工作，课程讲完后就走人，学生明不明白他根本不管。这种对学生毫不负责的教师与孔子相比，简直有着天壤之别，他们只是做到了授业，却没有给学生解惑。同时，由于学校内部管理中将"升学率""及格率""优秀率"作为评价教师工作绩效的唯一硬性指标，并以此作为奖罚的依据，而忽视对教师工作过程的评价，就导致了部分教师只管教不管导，只教书不育人，进而出现了"有钱就干，无钱不干，一切向钱看"的现象。

(二) 教学方面存在的问题

1. 不注重学生的个体差别，实施统一教学

初高中阶段，很多学校不注重发掘学生的个体差别，学生使用统一的教材，重点学校与一般学校、重点班与一般班在教学内容上并无太大差别。学校在选拔人才时只看学生的考试分数，使分数成了决定孩子优良的唯一标准，在这种情况下，学生逐渐异化成了考试的机器，他们"为读书而读书""为考试而读书"。这通常造成两方面的后果：一方面，学生的个性发展在分数面前被湮没了，教育不但没有帮助他们发展自身优势，使学生都能走出自己的人生道路，反而导致了不同类型的人才被扼杀。另一方面，唯成绩论的教育结果被无限地夸大，而教育过程却被严重地忽视了。教师在教学过程中只注重传授知识，不注重去提高学生素质。这样的教育过程，有时虽然会取得好的考试成绩，但是它不但不能使学生良好的素质得到培养，甚至会产生相反的效果。

2. 重技能教育轻道德教育

这一点表现在素质教育的片面性上。由于我国以考试作为选拔学生的主要手段，加之现行的考试制度又存在着诸多不完善之处，所以多数学校为提高升学率，将教育内容区分为考试内容和非考试内容两部分，对考试内容部分的教学投入大量的精力，而对那些非考试内容，如德育、体育、美育、劳动教育等课程投入的精力则有限。

3. 教育内容狭窄和僵化

教育目的的异化造成了教育内容的僵化和狭窄，具体表现为教育内容单一，理论与实践脱节，学科与学科之间割裂。将这样的知识传授给学生，势必导致学生知识面狭窄、目光短浅、动手能力差、分析问题和解决问题的能力弱、脱离实际、懒于也不善于独立思考、创新意识薄弱。

4. 教学内容与社会所需有差距

学生在学校所学的知识，出校门后往往不会用到。大学毕业生走向社会后不得不面临转行，即跨专业工作的情况很多，究其原因，一方面是学校的教学内容只注重书本知识，与社会脱钩；另一方面是学校学的知识淘汰太快。为了适应社会的需求，一些学生不得不去技术学校学些社会所需的技术，这是值得我们反思的。

5. 教学方法单一

当今，我国教育最为突出的弊端就是教学方法、教学手段的陈旧、落后，大学、中学、小学千篇一律的"满堂灌"教学法仍是教育的主要方法。这种方法把学生简单地视为被动客体，把人脑当"容器"，教师生硬地灌输知识，不允许学生有任何意义上的标新立异，抑制了学生学习的主动性和思考的独立性。教师与学生缺乏互动式教学，最终导致学生逐渐失去创新的意识和能力，变成了循规蹈矩、墨守成规的"乖孩子"。这种教学方法虽然有以上诸多弊端，但是教师们却对此驾轻就熟，因而在中国课堂上很少会看到互动式、启发式的教学模式。

二、儒家教育思想的当代价值及启示

（一）教育内容的当代价值及启示

1. 教育内容的当代价值

儒家教育思想对中国古代教育产生了决定性影响，同时也为新时代教育提供了丰富的精神资源。习近平总书记高度重视对儒家教育思想的继承与发展,在讲话中多次运用儒家文化中的教育思想引导新时代青年要加强道德修养、注重道德实践、锤炼品德修为,号召新时代教师以德立身、以德施教、发挥人师之模范作用,为新时代青年锤炼品德修为指明方向的同时,促进新时代教师提升自我道德修养。

那么,儒家教育思想有哪些当代价值呢?笔者认为,先秦儒家在继承前人思想的基础上,形成了以"仁"为核心的友善、民本、诚信、义利、和谐等价值观念,并将这些价值观念落实到具体的教育活动之中,形成了独具特色的仁爱、诚信、修身、礼乐等教育内容。这些教育内容涉及日常生活的方方面面,对封建社会时期形成理想人格和理想社会都发挥了重要作用。先秦儒家价值观本质上是一种伦理道德价值观,确立一套这样的价值观不论是对国家、社会还是公民来说,都具有重要的价值。对国家来说,"为政以德"能够获得百姓的支持,从而维护政权的稳定;对社会来说,"仁者爱人"能够化解社会矛盾,从而构建和谐社会关系;对个人来说,"反求诸己"能够提升道德修养,从而规范个人行为。

(1) 国家层面:强国富民共享发展成果

从古至今,多少仁人志士为救亡图存不惜牺牲自己的生命。富强和民主既是中国特色社会主义建设的宏伟目标之一,也是社会主义核心价值观的重要内容。先秦儒家价值观教育思想中包含着丰富的富国强国思想和爱民敬民思想,可以为当前社会主义核心价值观教育提供一定的借鉴和启示。

①富国强国:寻求王道的"富强"理想,富国强国体现了寻求王道的"富强"理想。"内圣外王"是先秦儒家价值观教育的最终旨归,这一价值目标体现了个人价值与社会价值的统一,也是先秦儒家价值观教育的一大特色。实现富国强国是治国平天下的最终理想,而要想实现这一最终理想就需要加强个人修养。由此可见,富国强国作为"外王"的实现路径,其实质体现的还是自我修养的外化过程。基于这样的价值认知,传统社会中的知识分

第二章 儒家教育思想

子都非常注重培养自强不息精神,努力让自己能够参与到富国强国的建设中,正如孟子所说:"穷则独善其身,达则兼济天下。"而在实现富国强国的道路上,先秦儒家非常强调礼义的重要作用,甚至认为礼义是达到富国强国的首要途径。就个人而言,孔子讲:"君子谋道不谋食。"君子所忧虑的从来都不是升官发财,而是自己的德行是否能够得到提升;就国家而言,孔子讲:"上好礼,则民莫敢不敬"。除了礼义的要求之外,先秦儒家也提出了具体的富国强国路径,孔子着重强调统治者的德行对国家的影响,孟子则认为实行仁政才能实现国家富强的目标,荀子则认为社会分工的发展可以促进生产,从而实现国家的富强。

由此可见,先秦儒家价值观是在礼义德行的基础上来谈论富国强国的。先秦儒家价值观对富国强国之路的追求和探索,虽然过于重视礼义德行的作用,具有一定的保守性和封闭性,忽视了创造和革新生产手段及生产方式的重要作用,但是这种将个人价值与社会价值相统一的强国方式,也铸就了中国人自古以来的奉献精神和忧患意识。当前社会主义核心价值观同样强调国富民强的价值取向,因而先秦儒家这种以礼义为基础,将个人价值与社会价值相统一的方式,能够突显出个人在实现国家富强中的重要作用,从而激发民众投身实现国富民强的强国大业中。

②民为邦本:限制专制的"民主"雏形。民本思想体现了限制专制的"民主"雏形。孔子在继承西周"敬德保民"思想的基础上,提出要"使民如承大祭",提醒统治者要认真对待民众,不要将自己不喜欢的东西强加给百姓。而孟子在继承孔子民本思想的基础上,进一步提出民贵君轻的思想,荀子同样提出了相应的民本思想,他巧妙地运用舟与水的比喻来说明民众对国家稳定的重要作用。不论是孔子的"勿施于人"、孟子的"民贵君轻"还是荀子的"君舟民水",都体现出先秦儒家在理论层面对民众的重视。当然,除了从理论上突出民众的重要性之外,先秦儒家还相继提出了具体的措施来保障民众的基本权益。孔子讲:"节用而爱人,使民以

时。"倡导要有节约的爱民意识；孟子的"制民之产""轻赋税"等主张，倡导轻税富民的爱民措施；荀子的"民富而君富"，倡导要重视富民富国的爱民意识，以上这些都是先秦儒家所主张的民本思想和实践。虽然，先秦儒家价值观包含的民本思想是从统治者的利益出发，是为了巩固封建统治而重视民众的价值的，但是这种尊重大多数人的意志以及对封建专制进行约束的思想对当前社会主义核心价值观所倡导的民主仍然具有借鉴意义。

在社会主义民主政治不断向前推进的当下，一些领域或相关部门仍然存在官僚主义以及官本位的不良风气，而以先秦儒家民本思想中的仁民爱民、敬民保民思想为滋养，将有利于某些部门转变工作作风，不断加强与群众的联系，从而进一步推进社会主义民主政治的发展；在社会主义法治建设不断发展的当下，一些部门仍然存在"人治"的现象，甚至出现"人治"大于"法治"的现象，而以先秦儒家民本思想中"天下为公"的思想为滋养，将有利于增强人们的法制观念，使其自觉地参与到政治生活的治理中。

（2）社会层面：友善待人共建文明社会

友善和文明作为个人道德修养的品质要求，是构建和谐人际关系的重要纽带，更是维系社会和谐稳定的重要伦理基础。随着科学技术的快速发展，人们的交往范围逐渐扩大，交流也越来越频繁，友善和文明在处理社会关系和社会矛盾中的作用日益凸显。先秦儒家非常重视社会交往过程中的文明和友善，其价值观教育思想中包含着诸多文明和友善的内容，深入挖掘其中的优秀成分，能够为当前社会主义和谐社会的构建提供丰富的滋养。

①仁者爱人：真诚宽厚的"友善"情怀。仁者爱人体现了真诚宽厚的"友善"情怀。人与人之间有多种相处方式，或是积极友善的，或是消极紧张的，但总的来说，人们所普遍追求的都是积极友善的人际交往关系，

也正是因为人际交往中友善价值观念的存在，才使得人类能够不断走向繁荣发展。先秦儒家非常注重人与人之间的友善，其主张的仁爱精神就是将建立在血缘关系之上的伦理友善推广到全社会，从而形成全社会"爱有等差"的友善关爱。同时，先秦儒家友善观不仅涉及血缘关系为纽带的家庭之间，还涉及夫妻之间的婚姻关系以及邻里之间的邻里关系。在家庭关系中，孔子讲："孝悌者也，其为仁之本与！"作为晚辈自觉地尊敬长辈是一件天经地义的事情。父慈、子孝、兄友、弟恭也共同构成了传统社会中和谐家庭应有的画面。在婚姻关系中，婚姻关系是家庭关系的扩展，各个家庭或者家族之间通过婚姻关系建立联系。在交通和社会保障机制不健全的传统社会中，和谐友善的婚姻关系能够在扩大人际交往范围的同时，起到社会保障的功能。因此，先秦儒家友善观也非常重视婚姻关系的和谐，孟子提出了"五伦"的思想，并以此来构建和谐友善的婚姻关系。在邻里关系中，中国自古就有"远亲不如近邻"的说法。在交通不太发达的传统社会中，和谐友善的邻里关系对化解家庭矛盾和冲突起到至关重要的作用。孔子多次强调"择居"的重要性，"择居"体现的就是对和谐友善邻里关系的选择，同样，孟子和荀子从不同的人性角度出发，强调环境的重要性，从侧面也体现了和谐友善邻里关系对个人成长的重要作用。

基于血亲之上的家庭关系与基于姻亲之上的婚姻关系以及基于乡邻之上的邻里关系共同构成了先秦儒家友善观的重要内容。这种从家庭出发，逐渐向家族和邻里扩散的友善关系，其实质就是先秦儒家仁爱思想的外化过程。随着社会的不断发展，现代社会中人们的相处方式和交往方式与传统社会早已有很大的区别，但先秦儒家友善观中包含着的友善、互助和关爱精神仍然具有重要价值。尤其是当前我们在培育和践行社会主义核心价值观教育时，更应该以先秦儒家友善思想为滋养，加快构建社会主义和谐社会。

②明礼守礼：天下归仁的"文明"追求。明礼守礼体现了天下归仁的"文明"追求。先秦儒家价值观教育是以"仁"为核心构建的伦理道德教育体系，孔子讲："克己复礼为仁。""仁"是先秦儒家价值观的核心，而"礼"则为其外在表现形式，二者缺一不可。因此，在构建社会主义和谐社会的过程中，仍然需要加强"礼"的规范和约束作用。先秦儒家价值观所倡导的礼制包含着非常丰富的内容，涵盖了日常生活中的方方面面，虽然先秦儒家礼制在一定程度上存在着禁锢思想、扼杀人欲的弊端，但是其中包含的严于律己、仁爱孝道、诚实守信等价值理念对社会主义核心价值观的培育具有重要价值。作为传统价值观的精华部分，礼对个人的自我约束和社会的行为规范都具有重要意义。在个人方面，礼是个人之所以为人的独特行为方式。随着社会水平的提高，礼也体现着整个社会的文明进步程度和经济发展程度。先秦儒家非常重视个人行为礼仪的养成，孔子本身就可以被看作是礼的代表，他除了对学生进行礼仪相关的理论教育之外，在日常的衣食住行方面，他自己也严格遵守礼仪的要求，时刻按照礼仪来行事，因为在孔子看来，以礼来约束个人行为更有利于尊卑有序社会秩序的形成。在社会方面，礼同样被看作是维护社会良好秩序的重要手段。孔子认为，有了礼的规范，就可以"官得其体，政事得其施"，即有了礼的规范，官员能够按照礼的约束办事，国家的政事就可以顺利实施。可见，礼不仅是一种个人道德规范，更是一种国家治理的手段。礼虽然不像法一样具有强制性，但它通过示范、灌输等教育方式，对人们起到教育作用，这种潜移默化的教育作用反而能产生更长久且深远的影响。在互联网高度发达的今天，整个社会在不断走向文明发展的进程中，仍然存在一些不良社会风气和不当价值观念在影响着社会的文明发展，而以先秦儒家礼制思想为滋养，能够帮助形成尊老爱幼、尊师重教的良好社会风气。先秦儒家的礼仪教育不仅是外在的行为规范，更是内在的道德约束，将先秦儒家礼仪教育中的精华部分运用到社会主义核心价值观的培育中，更能体现传统礼仪文化教育的传承功能。

(3) 个人层面：爱国诚信加强自身修养

"爱国""诚信"是社会主义核心价值观的重要内容，而社会主义核心价值观是以中华优秀传统文化为滋养，其中蕴含着十分丰富的儒家文化底蕴。先秦儒家处于社会大变革时期，为了实现社会的稳定，他们将目光转向个人的道德修养，提倡通过"内圣"实现"外王"，从而稳定社会秩序。因此，挖掘其合理的内涵和潜在价值，能够帮助我们在梳理先秦儒家价值观教育思想的精华之时，赋予其新的时代内涵。

①忠义忧患：民族精神的"爱国"根基。忠义忧患体现了民族精神的"爱国"根基。中华民族很早就形成了爱国的情感和观念，先秦儒家在继承前人爱国思想的基础上，进一步将爱国情感具体化为忠君爱国的价值观念、舍生取义的价值取向以及心系天下的忧患意识三方面内容。首先，先秦儒家所提倡的爱国思想与忠君思想有着密切的联系。先秦儒家的仁爱思想从爱亲出发，在论述了关于父母兄长的孝悌关系之后，逐渐将仁爱的范围进行扩展，将对家长和种族的顺从向外扩张就体现为对君主和国家的忠诚，所以仁爱思想的第三层关系就是讨论与君主的关系。孔子讲"君使臣以礼，臣事君以忠。"就是强调对君主的忠诚。因此，先秦儒家的爱国思想首先就体现在忠君爱国的价值观念之中，在必要的时候，为国家做出牺牲也在所不辞。其次，先秦儒家的爱国思想也有着明确的舍生取义的价值取向。先秦儒家非常重视义利观教育，"义"强调的是对道义的追求，而"利"则是对个人私欲的追求，他们在义利方面都做出了相应的论述。不论是孔子的"义以为上"、孟子的"舍生取义"还是荀子的"以义制利"，都体现出先秦儒家在对待物质生活与精神生活上的独到见解。这种舍生取义的价值取向也成为中华民族实现伟大飞跃的底气和信心。最后，先秦儒家的爱国思想中包含着心系天下的忧患意识。先秦儒家以"内圣"来实现"外王"的价值目标，体现了个人价值与社会价值的统一，他们始终将个人的价值追求统一于社会价值目标之下。孔子为了能够实现"天下有道"的社会局

面，一直致力于寻求救国之道，孟子更是明确提出要"以天下为己任"，呼吁人们要加强自己的社会责任感，以实际行动来实现"天下有道"的社会。先秦儒家这种心系天下的忧患意识深深地影响了一代又一代为救亡图存不断呐喊的仁人志士。

爱国观念是一种社会意识，是一种极其深厚的情感。当前，在实现中华民族伟大复兴的新征程上，我们更应该弘扬先秦儒家爱国思想中大公无私、舍生取义的价值取向，这些都是历史留给我们的宝贵的精神财富。

②讲信立诚：立身治国的"诚信"支撑。讲信立诚体现了立身治国的"诚信"支撑。先秦儒家所要构建是一个以"仁"为核心的和谐社会，所要解决的是人与人、人与社会之间的关系问题，这种矛盾和冲突的解决，并不仅限于个人的一厢情愿，而是要积极倡导人们放下心中的芥蒂，相信彼此。孔子告诫弟子要时刻注意自己的言行，做一个言而有信的人。除了对弟子进行告诫之外，孔子也谈到关于教育者和统治者的诚信问题。他认为，教育者要将"文、行、忠、信"作为教学内容；统治者同样要讲究诚信，孔子讲："道千乘之国，敬事而信。"可见，其对诚信的重视。在日常生活中孔子也是按照诚信的道德标准来要求自己的。孟子在继承孔子诚信思想的基础上，将"思诚"作为"近仁"价值观的实践路径。在孟子看来，要想实现仁，就需要反躬自问是否符合诚信的要求。荀子则把诚信看作是君子和小人的划分标准，荀子讲："君子养心莫善于诚""言无常信，行无常贞……若是，则可谓小人矣。"由此可见，诚信观早已成为先秦儒家立身治国的价值支撑。

随着社会的不断发展，现代社会在物质逐渐丰裕的同时，更应该注重构建诚实有信的社会。在市场经济不断发展的当下，我们不仅要将市场经济看作法治经济，更重要的是要把市场经济建构成信用经济。以先秦儒家诚信思想滋养社会主义核心价值观，能够帮助我们解决当前存在的诸多不诚信问题，为建设社会主义现代化强国提供强大的价值支撑。

第二章　儒家教育思想

2. 儒家教育内容的启示

习近平总书记高度重视青年的道德养成，时常运用儒家教育思想教育引导青年要崇德修身。在北京大学师生座谈会上的讲话中，习近平总书记引用《大学》中"德者，本也"这句话，向青年学生强调道德是做人的根本，之于个人和社会来说，都具有基础性意义，同时教育引导青年学生明大德、守公德、严私德，立志报效祖国、服务人民，且从小事做起，管好小节；引用《论语十则》中"学而不思则罔，思而不学则殆"这句话，向青年学生指出学思并重的重要性，教育引导青年学生学会思考、善于分析和正确抉择，做到稳重自持、从容自信和坚定自励，树立正确的世界观、人生观和价值观；运用《礼记》中的"博学之，审问之，慎思之，明辨之，笃行之"，给青年学生讲明力行的决定性作用，教育引导青年学生于实处用力，从知行合一上下功夫，老老实实做事，脚踏实地做人，将社会主义核心价值观内化于心，外化于行。习近平总书记引用儒家教育思想中的名句，引导青年学生崇德修身、学思并重、知行合一，为新时代青年学生加强道德修养指明了实践方向。

那么，儒家教育思想对当代青年大学生的培养有哪些启示和影响呢，笔者认为可体现在以下几个方面。

（1）儒家教育思想中的"仁爱"思想，对大学生树立正确人生观意义深远

儒家教育思想强调的道德核心是"仁爱"，把"仁"看作是人的道德的最高原则。孔子倡导人与人的关系要通过"仁爱"来维系，因而儒家教育思想所强调的道德核心与大学生的德育目标具有一致性。通过进一步挖掘儒家教育思想中道德核心的深意和内涵，并且根据时代要求进行新的诠释，就能够服务于高校的思想道德建设目标，进而更好地帮助大学生树立正确的人生观。利用儒家教育思想中的合理内核来对高校学生进行教育，既有助于祛除少数学生存在的消极、麻木心态，又有助于拓宽高校学生的

精神世界，帮助他们更加积极奋进，开拓进取，逐渐形成健康向上、积极有为的人生观。

（2）儒家教育思想中重义轻利的思想，对大学生树立正确价值观意义深远

当代高校学生成长于社会的转型时期，受到来自国内外各种思想、意识、观念的影响，他们的价值观呈现出多元化、复杂性的特点。受这些思想、意识、观念的影响，学生的竞争意识、效率意识、公平意识、创新意识以及民主意识有了提高，这些积极的现代意识对于学生树立正确的价值观有积极的意义。但是，我们不能否认，高校学生由于社会阅历不深对于许多问题还是缺乏深刻的认识，当面对一些复杂环境的时候，有些学生很容易出现实际行为表现与道德认知背离、实际选择与价值目标背离的现象，这些都影响到高校学生正确价值观的树立。现今，如果我们运用儒家思想的义利观来引导大学生的正确价值观的树立，势必会有一定的积极影响。在对于儒家义利观的借鉴上首先要把握儒家义利观有益的内涵，其次要对高校学生正确的认识、正确的价值观加以肯定，还要把关爱集体、关心别人、奉献社会、遵守公德作为高校学生思想政治教育的重点。

（3）儒家教育思想倡导胸怀天下、立志报国，对大学生开展爱国主义教育意义深远

爱国主义教育是我们进行思想政治教育的重点内容，发扬爱国主义精神，提高民族自尊心和民族自信心，是我们中国特色社会主义建设的精神保障。同样，爱国主义教育也是儒家教育思想的重点内容，贯穿儒家教育思想发展的始终，胸怀天下、忧国忧民、为万世开太平、"先天下之忧而忧，后天下之乐而乐"、以天下兴旺为己任。自孔孟以来，不仅爱国主义的思想被历代儒士很好地继承和发扬，他们更是用实践来诠释了自己对国家的忠诚。翻阅史书，历代仁人志士精忠报国的壮举不胜枚举，可以说，爱国主义精神和爱国主义教育伴随着国家的出现而出现，一直被延续至今。新中国成立以

来，爱国主义教育更是如火如荼地开展，就是在今天，爱国主义教育依旧不能松懈，尤其是对于国家的建设者和接班人的高校学生，更加应该加强爱国主义教育。在开展爱国主义教育的时候不仅要加强红色文化教育，也要进行儒家爱国主义思想的学习和渗透。通过弘扬儒家教育思想强调的为民族、为国家而牺牲和奋斗的爱国主义精神，以及提倡的为他人、为社会作贡献的集体主义精神，使高校大学生充分意识到国家的利益同个人利益乃至自我价值的实现是相关联的，以此增强高校学生的历史使命感和社会责任感。大学生是一个国家朝气的代名词，也是一个国家希望之所在，作为为祖国建设培养中流砥柱的前沿阵地，培养出一批批为中华崛起而读书的仁人志士才是高校思想政治教育真正的价值所在。

（4）儒家教育思想强调在与人交往时要"谦恭礼让""严于律己，宽以待人"，对高校学生处理好人际关系意义深远

儒家思想主张在处理人际关系的时候最好要做到"谦和礼让"和"严于律己，宽以待人"。这样的主张，一方面在于培养人具有高尚的品质，同时也意在营造一种和谐的人际交往的氛围，从而形成一种和谐的社会风尚。儒家思想的这种人际关系处理的原则对于我们今天的高校学生处理好各种人际关系很有意义。不能否认，目前的一些大学生由于受家庭环境、学校教育、社会不良现象等的影响，在处理人际关系时还不是很成熟甚至有缺失。另一方面，改革开放后，市场经济浪潮中的一些负面思想也或多或少改变了大学生的价值观，影响着大学生看待事物的态度和角度，直接导致人际交往中各种问题的发生。比如，在与人交往中出现自私自利、得理不饶人，甚至是一些恃强凌弱、以大欺小等现象。针对部分大学生在人际交往中的这些问题和缺陷，我们可以用儒家的"仁爱"精神去感化和引导，让他们学会与人为善，摒除在与成人交往中存在的不好的心理和表现。同时，儒家重视集体的主张，将有助于培养学生的团体意识和合作意识，让学生明白他人和集体之于自己的积极作用，明白自己之于他人和集体的意义，明白自己不恰当的为

人处世的方法对于他人和集体的伤害,让学生学会站在别人的角度看待问题,站在更高的层次看待事情,让学生在与人相处的过程中逐渐培养宽容的心态、包容的胸怀。大学生活从某种意义上来说就是一种社会集体生活,因而对于大学生来说,儒家教育思想中关于人际关系处理的很多主张都非常值得学习和借鉴,其现实意义不言而喻。

(二) 儒家教育方法的当代价值及启示

1. 儒家教育方法的当代价值

先秦儒家教育思想能够在2000多年后的中国乃至世界闪现时代光芒的原因,不仅是其价值观教育内容早已渗透到中华民族的血液当中,更得益于其独特的教育方法和大众化的传播方式。相比于"礼崩乐坏"的春秋战国时期,当前我们所处的时代拥有更好的物质条件、社会基础以及文化水平,但社会主义核心价值观教育始终不尽如人意的原因,或许是教育方法上的不够灵活。长期以来,人们致力于对先秦儒家教育内容进行研究,其实,先秦儒家的教育方法也有非常多值得我们学习和借鉴的地方。

如何使社会主义核心价值观真正地深入到人们的心中,以及如何开展社会主义核心价值观教育工作,是我们当前要面对的问题。先秦儒家总结出的教育方法,能够为我们提供以下指导。

(1) 重视主体自觉性发挥

春秋战国时期,社会秩序遭到破坏,社会上没有一个统一的价值标准,导致人们认为行善和作恶没有明确区别。在对外在的社会秩序感到失望之后,先秦儒家开始寄希望于"人"本身,企图通过培养"道德人"来构建稳定的秩序,实现"内圣外王"的目标。因此,先秦儒家价值观教育非常重视受教育者主体自觉性的发挥,对受教育主体性的认知贯穿整个价值观教育过程中。首先,在教育目标上,先秦儒家主张"内圣外王",这就从目标层面将"人"的地位提高到国家稳定和社会治理的高度,极大地肯定了"人"的重要性,也进一步肯定了其价值观教育思想的重要性。其次,在价值观教育的内容上,修身教育作为先秦儒家价值观教育的重要内容,其内涵是重视主体性发挥的直接体现。先秦儒家从"性善论"出发,强调"心善"才有"性善",因而非常重视身心教育。在修身教育中明确提出"身心合一"以及一系列"修心"的方法,主张个人通过对"心"的修养,进而由"心"渗透到全身,成为一个具有德性的人。这体现了先秦儒家在教育过程中对精神层面的关注。再次,在价值观教育的方法上,先秦儒家在教育过程中非常重视和受教育者的情感交流。比如,《论语》中记载孔子的学生向孔子提出问题多达100次,其中涵盖的内容也各式各样,涉及"问政""问孝""问仁""问君子"等方面,孔子都非常耐心地做出了解答,这样的问与答就是情感交流很好地体现,这种教育方式能够使教育者和受教育者处于轻松愉快的氛围之中,进而能够让受教育者在愉快情感支配下,自觉地认同教育者的主张,从而达到教育效果。最后,在实际教学中,先秦儒家非常注重对受教育者的引导,启发受教育者自己领悟事物中蕴含道理,而不是直接告知其答案。虽然,先秦儒家在对"道德人"的培养上具有片面性,与当前我们培养"全面发展的人"不一致,但其对受教育者主体性的重视能够为社会主义核心价值观的培育和践行提供借鉴。

当前,我们在进行社会主义核心价值观教育时,大多是采取单向灌输的方式,并且存在重理论知识而忽视情感交流的倾向,因而导致社会主义核心价值观教育难以落到实处。将先秦儒家对主体性发挥的方法引入社会主义核心价值观教育中,首先,在教育目标的确立上,重视受教育者精神层面的需求,给予受教育者更多精神层面的帮助,强调身心修养的重要性,并告知受教育者如何加强对自身精神状态的关注和自查。其次,在教育过程中,重视与受教育者的情感交流,采取双向对话式教学模式,对难理解的问题慢慢引导和启发,对较为简单的问题多倾听学生的看法,从而变单向灌输为双向互动。最后,教育者应具备营造良好课堂氛围的教学能力,除了自身要掌握价值观教育的内容之外,教育者还需学会用幽默风趣的方法将其表述出来,这样才能够深入浅出地让受教育者理解和认同，从而转化为实践。

（2）凸显家庭教育的"成人"实质

先秦儒家重视以血缘关系为基础来进行教育，能够借助血亲之间天然的亲近感达到教育目的。因此，先秦儒家价值观教育非常重视家庭教育，并形成了家国一体的教育模式。先秦儒家对家庭教育的重视除了在理论上强调家庭成员之间的等级关系之外，更重要的是借助其他载体形式来强化价值观教育内容，而家庭教育中最主要的载体形式是家训家规、民俗节日、蒙学读物。中国的家训家规文化由来已久，先秦时期，正是周王室敬德保民、礼贤下士等家训，开启了中国家庭教育的先河。同时，这一时期的家训所包含的内容也非常广泛，有君主帝后的家训、达官贵人的家训、商贾农夫的家训、女训女教等。这些家训家规对日常生活的方方面面都做了具体的要求，且其中蕴含了大量具体的例子。这些例子能够引起受教育者的共鸣，从而起到教育作用，并且这些生动有趣的例子也能够帮助家训家规文化实现大众化发展，这也是中国家训家规文化能够长久流传的原因。民俗节日在家庭教育中同样起到重要作用。先秦时期，一般底层民众很难接受到系统的教育，于是民俗节日就承担着教育的重任，对底层民众起到"上传下教"的功能。民俗节日通常以家族为单位，家庭成员聚集在一起，不论是祭祀活动还是节日庆祝活动，都承载着长辈对晚辈的教育内容。这种家族的团聚，既体现了人伦和谐的价值理念，又含有对生命的敬畏和对国家的热爱，同时还能起到集中教育的作用。蒙学读物则是家庭教育中具有艺术性的一项内容，能够帮助学前儿童进行一些基础的道德教育和情感教育，体现了基础教育和道德教育的统一。虽然先秦儒家重视家庭教育目的只是为了通过家庭教育实现社会秩序的稳定，但是在教育过程中客观上也形成了良好的家风，对中华民族敬老爱亲的民族精神具有重要影响。先秦儒家价值观教育对家庭教育的重视，以及在家训家规、民俗节日、蒙学读物中渗透价值观教育的内容，能够为社会主义核心价值观教育提供借鉴。

中国特色社会主义进入新时代以来，习近平总书记多次强调："不论时代发生多大变化，不论生活格局发生多大变化，我们都要重视家庭建设，注重家庭、注重家教、注重家风。"可见，我国对家庭教育的重视程度。事实上，进入新时代以来，我国许多地区尤其是一些农村地区，早就开始了修家谱、建祠堂的文化建设活动。当前，我们在培育和践行社会主义核心价值观时，同样需要发挥家庭教育的天然优势。纵观先秦儒家家庭教育思想，我们能够看到家庭教育展现出的一体两面，家庭的教育化和教育的家庭化，家庭教育是一切知识、道德和情感的基础和拓展。反观当代社会，家庭教育在教育中的权威性不断被侵蚀，孩子和家庭之间的联系逐渐淡化，致使孩子在道德教育方面失去了先天基础。一旦家庭中父母与子女的亲情关系遭到破坏，孤军奋战的学校教育将失去支撑孩子全面发展的广阔空间，如此，社会主义核心价值观教育的连续性难以延续，自然难以发挥教育实效。因此，要充分挖掘当代家庭教育的独特价值，重视家庭教育在价值观教育中的重要作用的同时，要意识到家庭教育的核心是亲情伦理，而不是知识教育。先秦儒家家庭教育是以伦理规范来指导日常生活，把孩子的"成人"放在家庭教育的首位。不论是我们前面提到的家规家训也好，还是相应的蒙学读物也好，这些都是先秦儒家教育中对成人教育的培养。当前社会主义核心价值观教育要重视家庭教育的先天优势，将"成人"看作家庭教育的首位，以亲情这一天然的黏合剂将家庭打造成一个坚固的生命堡垒，为孩子树立正确的人生观、价值观提供坚实的基础。

（3）重视社会环境的隐性教育

先秦时期虽没有互联网，这一时期的思想家们也不会预想到网络环境对价值观教育的影响，但是先秦儒家对环境的重视以及一系列优化环境的方法，能够为互联网时代的社会主义核心价值观教育提供相应借鉴。先秦儒家非常重视环境对人的影响，孔子讲"性相近，习相远"，并告诫人们要"择其善者而从之"，其"里仁为美"的主张，直接体现了环境的重要性。孟子和荀子虽持不同的人性观点，但二者都非常强调社会环境对人的影响，尤其是荀子，其主张的"化性起伪"直接体现了后天环境的重要性。在教育方法上，先秦儒家也非常重视环境的教育作用，并且善于将教育蕴藏在社会环境当中。比如，在音乐环境中进行教育，先秦儒家认为，不同的音乐环境对人的影响是不一样的，好的音乐能够净化人的心灵，而坏的音乐则使人骄奢淫逸，这种乐教合一的教育方式能够在陶冶情操的同时，达到净化心灵的教育目的；在乡射和乡饮酒等活动中，先秦儒家非常强调对"礼"的规范，席次的安排能够很好地体现其中的等级关系，他们正是以区分宾客的等级来构建民间身份秩序，由此对民间大众进行潜移默化的教育。先秦儒家不仅重视社会环境，还对各个方面的社会环境做出了要求，择居、择友都是环境教育的体现，这些能为当前社会主义核心价值观教育提供借鉴。

互联网以其时效性和广泛性，在给人们带来便利的同时，也带来了不小的挑战，尤其是网络环境中存在的多元价值取向以及虚假信息，在一定程度上会阻碍社会主义核心价值观的培育和践行。以先秦儒家在环境优化上的方法为参考，当前我们在培育和践行社会主义核心价值观时，也应该充分重视环境的重要性。首先，重视居住环境的影响。社会主义核心价值观的培育需要全社会的共同努力，每个人的生活和居住环境对个人的成长起到至关重要的作用，因而社会要自觉承担起教育重担。近年来，随着党和国家对社区的重视，社区工作逐渐呈现向好的态势，但在社会主义核心价值观的宣传和教育上有待加强，需要社会全体成员更加积极地配合和落实。其次，重视交友环境。党和国家高度重视对做出突出贡献的个人进行宣传，以此来起到榜样示范的作用。虽然这些优秀的人物事迹的确能够起到精神教育的作用，但是也存在一定的问题，由于这些做出卓越功勋的精神领袖离人们的日常生活较远，只能在短期内使人们产生情感共鸣，因而在培育和践行社会主义核心价值观时，要充分发挥身边人的榜样示范作用。最后，社会主义核心价值观教育不是某一个部门能够单独完成的，教育环境的营造需要全体社会成员共同努力，并且社会主义核心价值观教育也不是某一个方面的教育，而是需要渗透到日常生活的方方面面中，只有这样才能真正保证教育的连续性和长期性。

（4）注重教育方法的联合运用

先秦儒家在进行价值观教育时，非常注重教育方法的运用，除了尊重人的主体自觉性以及注重显性和隐性教育相结合之外，先秦儒家价值观教育能够发挥实效的重要原因在于多种教育方法的联合运用。在教育过程中，先秦儒家主张"因材施教""教亦多术"，这对当前提高社会主义核心价值观教育的针对性和亲和力具有重要价值。当前，中国特色社会主义进入新时期，这个新时期最显著的特点就是互联网技术的广泛使用，科学技术的发展给社会主义核心价值观教育带来挑战的同时，也为社会主义核心价值观教育的实施拓展了渠道。

当前，社会主义核心价值观教育是现代思想政治教育理论课的重要内容。长期以来，单纯"理论灌输式"的教育方法，使思想政治教育理论课在人们心中留下了严肃、枯燥等刻板印象。如果对社会主义核心价值观的教育仍旧延续这种"灌输式"的教育模式，那会引起受众的排斥和抵触，因此互联网时代下的社会主义核心价值观教育，可以遵循先秦儒家"教亦多术"的教学方法，结合当前的时代环境，探索出更具有吸引力的教学模式，帮助提高教育的亲和力和吸引力。例如，教育学当中主张的情景教学模式，孔子非常重视对情景教学的运用，在进行价值观教育时，他不仅擅长为学生构设一个教育情景，而且善于将学生置身于实际情景当中，从而发挥情景教学潜移默化的教育作用。当前，我们拥有更强大的技术支撑，因此我们可以在进行社会主义核心价值观教育时，根据具体的教育内容将其情景化、生活化。在课内教学中，教师可以将教育内容做成更为鲜活的课件，也可以配上生动形象的视频和动画，以吸引学生的兴趣。在课外教学中，教师可以带领学生参观纪念馆或博物馆，使受教育者在真实的场景中受到直观的教育，这或许比课堂上单纯的文字"灌输"所带来的冲击力和影响力更大。当然，网络本身就蕴含着丰富的教学资源，因而新时代教师要善于发挥互联网的教育作用，充分利用互联网平台来丰富社会主义核心价值观教育的载体，从而为当代思想政治教育服务。

2. 儒家教育方法的启示

先秦儒家通过重视主体自觉性发挥、凸显家庭教育的"成人"实质、重视社会环境的隐性教育、注重教育方法的联合运用以具有针对性的因材施教法，最大限度地激发了受教育者的主体自觉性，使先秦儒家教育理念真正地内化于心、外化于行。那么，如何更好地运用儒家教育思想来改善我们今天的教学环境，提高教学质量呢，笔者认为可以从以下几个方面着手。

（1）教师职能方面

应做到传道、授业、解惑。当今的教师要加强自身的师德修养，要对学生负责任，彻底改变"只授业不解惑，只教书不育人"的现象。教师不仅要传授知识给学生，更重要的是应教会学生如何"做人"，教他们"先学做人，再学做事"。帮助学生树立正确的人生观应是教育的第一要义。

（2）教学方面

①应注重学生的个体差别，因材施教。教师应意识到学生的个体差别，并尊重学生的个性，充分了解学生的特长，对学生进行有针对性的教育，发挥其优势，真正做到因材施教，为社会培养出大量的不同类型的人才。

②应同等重视技能教育与道德教育。我们今天所提倡的素质教育，就是要使学生在德智体美劳等各方面全面发展，不能有所偏颇。因此，不能为了提升学校的升学率而去加重学生的学习负担，影响学生素质的全面发展。

③应丰富教育内容。应彻底改变教育内容僵化和狭窄的现象，丰富教学内容，真正做到将理论与实践结合起来，学科与学科之间联合起来。同时，教师应拓宽自己的知识面，以便将更多的知识传授给学生。要培养学生的动手操作能力，分析问题、解决问题的能力，使学生善于思考，增强创新

意识。

④教学内容要适应社会所需。为解决所学非所用问题，应在学校开设一些技能课，使学生具备社会所需的一些生存技能，真正做到学以致用，为社会做贡献。

⑤教学方法应多样化。要彻底改变旧的"填鸭式"教学方法，增强创新意识，尊重学生的独立性和个体性，采取启发式教学方法，增强学生学习的主动性和思考的独立性。

(3) 师生关系方面

在师生关系的处理上，教师应做到关爱每一个学生，无论是其学习情况还是生活情况，教师都应仔细留意，有困难就要帮助解决。另外，教师还应尊重学生，尊重他们的选择与决定，同时要虚心接受学生对自己的评价，有不当之处应立即改正，使教师与学生之间真正达到一种近似朋友的关系。

总之，儒家的教育思想对于加强和深化我们的教育体制改革，全面推进素质教育，培养现代所需的人才有重要的借鉴意义。先秦儒家的教学经验，历经两千年的考验，对当代教育而言，仍然具有旺盛的生命力，我们每一位教育工作者都要学习它、理解它、运用它，进而改善当今教育界的不良之风，重塑教育者的心灵，争取达到教育水平和方法上质的飞跃。

第三章 儒家经济伦理思想

改革开放给我国带来经济快速发展的同时,也将西方发达国家的金钱至上、利益至上等价值理念引入我国,加上我国社会主义市场经济建设缺乏新的伦理观念与之相适应,这就引发了腐败、食品卫生安全等一系列的社会问题,对我国国民的价值观、世界观、人生观产生了极大的负面影响,对构建社会主义和谐社会,发展规范性社会主义市场经济体制造成了极大的阻碍。

想要树立正确的观点,用全面的眼光看待经济的发展,就需要我们以深厚的文化基础为底蕴。众所周知,儒家文化博大精深,意义深远,在中华民族的发展史上始终占据着重要的地位,而儒家经济伦理作为儒家文化在经济领域的指导思想,是中国传统经济文化的理性发展,是杜绝不良经济现象的精神武器。本章试图通过对儒家经济伦理及其现代价值的探讨,呼唤经济活动中道德机制的回归,以期为解决我国现阶段经济与道德失衡问题提供一些借鉴。

第一节 儒家经济伦理的基本内涵

一、经济伦理的内涵

在《新华字典》的解释中,经济是指经济基础,指的是政治和意识形态等上层建筑的基础，代表一定历史时期的社会生产关系，是人类所特有的物质生产内容，同时也是人类基本的社会活动之一。伦理则是指人伦之理，道德之理，是客观的道德法则，通常与道德相联系，是关于人性、人伦等基本问题的概括，具有社会性和客观性。经济是在感性世界中追求物质感性幸福的活动，伦理则是在理性世界中追求道德理性幸福的活动，它们处于对立统一的整体之中，是人类生活必不可少的组成部分，也是冲击经济社会的两股主要力量。

德国著名社会学、经济伦理学先驱人物马克斯·韦伯首先提出了经济伦理这个概念。此后，国内外学者对经济伦理有了更深层地阐述。菲利普·刘易斯对经济伦理应包含的内容做了一次问卷调查，结果表明，多数经济学家认为，经济伦理应指的是防止不伦行为的规则、标准。国内学者东方朔认为，经济伦理是一种产生在经济领域的道德观念，它具有制约和评判的功能。章海山认为，经济伦理是经济活动中道德观念和道德评价的综合体，经济主体利用这种观念调解他们之间的利益关系，目的是促进经济活动的协调。学者陈泽环将经济伦理作为人们在经济活动中的伦理精神，认为其是人们从道德上对经济活动的根本看法。

经济伦理是社会发展到一定历史阶段的必然产物。在最初人类的发展中，自给自足的简单模式不具备社会性的道德问题，因此不存在经济与伦理之间的矛盾。伴随商品交换逐渐成为社会经济的主要形式，具有社会性质的生产关系就存在经济与伦理之间的矛盾。经济伦理是感性与理性的综合体，是物质感性幸福和道德理性幸福有机结合的产物。经济伦理是以经济活动、经济行为中的道德规则为前提的，人们通过对这种道德规则的认知和评价，协调他们在社会经济活动中的利益关系，进而使经济活动更加合理化、规范化。

二、儒家经济伦理的界定

社会进步是以历史发展为舞台的，人们思想演变的过程必然涵盖继承性。因此，我们在思索经济与伦理关系的时候，势必受到中国传统经济伦理的影响。中国传统经济伦理思想是在诸子百家的相互影响下发展起来的，且诸子百家以儒学为尊，所以儒学作为"显学"在交错的经济伦理中占据及其重要的位置。从某种意义上说，中国传统经济伦理是以儒家经济伦理为基础的，儒家经济伦理对中国商人的人格模式和经营管理模式都产生很深的影响，在现代市场中也仍然起到潜移默化的作用。

学术界对儒家经济伦理这一概念的界定大致分为三种。第一，有的学者认为，儒家经济伦理就是儒家文化在经济方面所形成的道德意识。第二，有的学者坚持认为，儒家经济伦理就是有涵养、有文化的经济主体在经济活动中所体现出来的对文化的眷恋，对人生的使命感。第三，有的学者则认为，儒家经济伦理是从经济主体到经济行为的价值追求，是以群体为本位的，从来都不是那种为了自身利益最大化而算计的、自私的、孤僻的人，而是一个有道德责任感的"社会人"。唐凯麟教授对儒家经济伦理做过详细的论述，他认为，儒家经济伦理同市场经济的关系是复杂的，既有冲突的一面又有结合的一面，特别是其所提倡的义利观、互助精神和诚信伦理等同商品经济有一定的兼容性与契合性，突出了其结合的一面，这些观点都可以促进市场经济的优化。

虽然学者们对儒家经济伦理的切入点不同，但是得到大致统一的诠释，即儒家经济伦理是儒家伦理精神与经济法则相结合的产物，是儒家伦理文化在经济活动中的反映，它不仅体现了商品经济发展的内在要求，是商品交换关系的伦理反映，也反映了对人的行为的基本要求。

第二节 儒家经济伦理的产生和发展

一、儒家经济伦理产生的背景

儒家经济伦理作为中国传统文化的重要组成部分,是经过几千年发展形成的思想体系,其所积淀下来的道德智慧与历史经验,对解决现阶段我国所面临的一系列社会问题具有启迪意义。笔者从政治、经济、文化背景展开,对儒家经济伦理的形成发展进行梳理,以期更为全面地了解儒家经济伦理产生的必然性。

(一)政治背景

中国古代社会的性质在学术界始终存在争议,有的学者认为,从夏朝至春秋时期都属于奴隶制社会,春秋战国时期是一个转折阶段,由奴隶制社会转变为封建社会。有的学者则认为,夏商为奴隶制社会这毋庸置疑,但封建制度是经过西周的封建领主制和春秋时期的封建地主制之后才逐渐形成的,直至春秋战国时期才真正地成为封建社会。还有的学者认为,春秋战国时期依旧属于奴隶制社会,直至魏晋时期才算进入封建社会。不管学术界如何界定奴隶社会和封建社会,大家都达成统一的意见,即春秋战国时期是一个剧烈变动、各个方面发展迅速的时期。

公元前771年,周幽王被杀,西周灭亡。次年,周平王在诸侯的帮助下东迁定都洛邑(今河南洛阳),史称东周。东周分为春秋与战国两个时期。虽然春秋时期名义上还有一个周天子,但是失去了共主的地位。周天子的王权衰微,诸侯国的势力增大,权利下移。到了春秋末期,诸侯国则纷纷打出"陪臣执国命""尊王攘夷"的旗号,各自成为霸主。至此,西周所建立的政治礼乐制度已经崩溃,后人概括此时的形势为"礼坏乐崩"。春秋时期,在各国诸侯争斗的过程中,几个大国先后成了霸主,史称"春秋五霸"。齐桓公在管仲的辅佐下,在政治、军事、经济上不断进行改革,从而形成"九合诸侯""一匡天下"的局面,成为首位霸主。其后便是晋、楚两国的长期争霸。西周时期封国有八百,春秋初期剩下一百四十多个国,而春秋后期就只剩下三十几个了,在随后而至的战国时期,形成了七国称雄的局面。在政治上,这七国形成了中央集权制度,诸侯争霸的规模也越来越广泛,竞争也越来越激烈。

(二)经济背景

众所周知,政治、经济相辅相成、不可分割。春秋战国时期是我国早期商品经济迅速发展的时期。西周以来,王室宗族驾驭诸侯的能力相继失控,这为大国争霸和土地兼并的发展提供了政治前提。土地兼并和战争的加剧则推动了各国经济和生产关系的变革,促进了社会经济的高速发展。在此背景下,早期商品经济与初步形成的文化传统逐步结合,形成了一种具有中国特色的商业精神。儒家经济伦理就是在这种背景下孕育而生的,其虽然还处于早期发展阶段,但是少数杰出商人所拥有的优秀伦理精神却奠定了儒家经济伦理的基础。

在自然社会中,生产力极其低下,农业成为百业之首,关乎天下兴存,百姓安宁,是国家生活的轴心。因此,在古代,农业的发展和繁荣是国家发展和繁荣的基础,而在春秋战国时期农业得到了迅速的发展。在战国时期,铁器的推广逐渐取代了木器、石器、骨器和青铜器作为生活器具的地位,在社会生产中发挥了巨大的作用。而伴随着铁制农具的出现,牛耕、人工灌溉、水利工程都有了长足进步,西周的井田制度在此也发生了变化。井田制是中国古代社会的土地国有制度,在井田制度下,"公田"由村社农民集体耕种,农民通过在公田上的集体劳动,以劳役地租的形式完成给国家的租税,"私田"则是村社农民借以养家糊口的份地。伴随着荒地和"隙田"的开发,私田的面积逐渐扩大,而铁器的使用促使农民种植私田的积极性越来

第三章　儒家经济伦理思想

越高,从而劳动生产率有了极大的提高。劳动生产率的提高使得更多的人离开农业,从事其他的行业,农业和其他行业的分工越来越明显,至此,商业得到了很大的发展。在春秋战国时期,卫文公的"务材训农,通商惠工"、晋文公的"轻官易道,通商宽农",使得市场日益扩大,商品种类繁多,商品流通也日益频繁。商品流通要以货币为媒介,所以商品的发展促成了货币的发展,布币、刀币源源不断地涌现,作为交换的媒介使得财物不绝流转于市。

(三) 文化背景

春秋战国时期,社会政治、经济的巨大变革带动了思想、文化的巨大变革。春秋伊始,随着诸侯争霸的加剧,大国之间逐渐形成了几个特点鲜明的政治文化中心。宗法制度的崩溃,"学在官府"的局面被打破,私学逐渐发展起来,以及原来保存周王室文化资料的"王官"散入民间,使学术文化出现了前所未有地普及。急剧动荡的社会变革,激发了思想家们对面临的各种现实问题,如天人关系、君臣关系、君民关系、华夷关系以及对忠孝仁义等的深入讨论。于是,随着争霸各国为了富国强兵而进行的政治、经济、文化变革的主张日益增多,慢慢形成了不同的流派。不同流派常常因为对某些问题的认识的不同而进行争论。通过争论,大家对所讨论的问题认识更加深入,并彼此吸收和融合。

当时的社会正处于诸侯争霸的激烈战争中,新成长起来的居于统治地位的地主阶级们对内需要安定,强兵富国,对外需要兼并,争霸称王。因此,他们都希望从思想家那里汲取新的学说和营养,这就为诸子百家的形成和发展提供了有利的条件。当时,诸侯各国礼贤下士成风,如魏文侯师事卜子夏,教弟子三百人;齐威王创建稷下学宫,儒、墨、老、法、名、阴阳学派的先生,学士有千余人;秦以重金招纳贤士,编著《吕氏春秋》,聚集门生三千余人。此外,一些有实权的贵族官僚也希望借重士的力量发展自己的势力,养士如林,这就给士阶层"以其学易天下"提供了充分的机会。当时诸侯各国的统治者们为突破旧思想的束缚、探求新的思想创造了极为有利的环境,促使各种不同的观点和著作如雨后春笋般涌现,形成了百家争鸣的局面。

二、儒家经济伦理形成发展的历史脉络

(一)初步形成时期

从儒家经济伦理的背景中我们可知,儒学是在春秋战国时期发展起来的,涉及社会生活各个领域。而商品经济作为社会的组成部分,势必受到儒家文化的影响,逐步形成了具有儒家特色的经济文化——儒家经济伦理。据史料记载,范蠡、子贡是初步将儒家文化与经济活动结合起来的代表。

范蠡,春秋楚国人,人称陶朱公,是有名的富商。他在经商过程中秉承道德经商的原则,不仅采用无损民众的经商手段,而且还"十九年之中三致千金,再分散与贫交疏昆弟",就是说他在经商致富的过程中并没有巧取豪夺、为富不仁,而是仗义疏财,散尽千金给贫苦的百姓,成为"富好行其德者也"。更难能可贵的是,他认为做生意应当"苦心勠力""不敢居贵""什一之利",认为只有勤奋经营,不欺骗消费者,不贪心,讲究质量,重视信誉才能将经济活动继续下去。当时,农业作为生存之根本,是社会的重中之重,因而范蠡认为,谷物价格过低"病农",价格过高则"病末",只有价格合适才能"农末俱利",他赞同"农商俱重",认为只有做到"无敢居贵",薄利多销,不伤害顾客的利益,才能持久地经营下去。其"积著之理"是儒家经济伦理在经商活动中的初步体现。

过去商店的对联往往有"陶朱事业,端木生涯"的字样,这里的端木指的是孔子门生子贡。子贡,孔子之徒且擅于经商。他作为孔子讲学的有力支持者,对儒学的宣传做出了重大的贡献。子贡传道授业解惑于孔子,得到儒家文化真传,又通过经商致富,是将儒家文化与经商相结合的典型,其经商过程深受儒家经济文化的影响,既有货殖之理,又有儒家之精髓。子贡善于

第三章 儒家经济伦理思想

掌握商品供求和价格变化的时机,且每次都能猜中,这与他"君子之所以贵玉而贱珉者,何也？为夫玉之少而瑕之多耶？"的思想是分不开的。子贡除了具有经商的理性头脑之外,还具备道德性的经商行为,他将老师的"博施于民而能济众"的思想作为经商的理念,在经商的过程中不忘广施恩惠,以拯救民众为己任。子贡是集儒学与经济伦理于一身的典型代表,其博施济众的思想情操亦是儒家经济伦理的重要论断。

子贡、范蠡是后人所推崇的商人典范,虽然他们所处的社会环境决定了他们的认识只能是初步阶段,难以形成统一的规模,但是这不妨碍他们的经济模式和理念对儒家经济伦理起到基础性的作用。

(二) 发展成长时期

秦国统一至宋元时期是儒家经济伦理曲折发展的时期。战国时期社会格局发生了巨大的变化,奴隶制社会加速瓦解,中国历史上第一个专制主义中央集权的封建国家秦王朝建立。秦国时,由地理位置决定其将农业作为根本,以"上农除末""重农抑商"为基本的经济政策,开始征发徭役并增加商人赋税,目的是抑制人数众多的小商贾。秦国重法轻儒,曾有焚书坑儒之举,这一时期,儒家文化与经济活动这两者都没有得到很好的发展。汉代建立后,汉武帝的"罢黜百家,独尊儒术"虽然确立了儒家独首的地位,但是并没有扭转重农抑商的局面,"商"依旧是四民之末。汉高祖刘邦发布"贱商令",规定商人不得穿丝衣乘车,不得当兵,子孙后代也不能走仕途,并用"重税困辱之"。汉武帝则选择剥夺商人的财产充缴国库,使得商业发展举步维艰。此时,儒学至高的地位与商业至低的地位,形成了两个极端,难以融合,致使儒家经济伦理这两者的结合体在这种环境中难以发展。由于魏晋南北朝时期多处于分裂状态,农民起义以及军阀混战致使社会经济遭到了重创,生产力遭到破坏、商品经济衰退,导致儒家经济伦理很难发挥其在经济活动中的优势。

唐宋则是儒家经济伦理开始走向辉煌的时期。首先,自汉武帝时确立了儒家在诸子百家中的统治地位后，虽历经朝代的变迁，其地位依旧不变，这就为儒家经济伦理的发展提供了有利条件之一。其次，到了唐代，朝廷对商业的抑制逐渐减少，士与商并不像以前一样处在完全对立的位置上，加之宗族门阀势力的衰落，以财富称雄的庶族地主地位的逐渐上升，使得人们对商业的传统看法发生转变，这就为儒家经济伦理的发展提供了有利条件之二。因此，在双重有利条件的加持下，儒家经济伦理发展迅速。宋元时期虽然不复唐朝的辉煌，但是在唐朝良好的经济基础上，儒家经济伦理得到了进一步的发展。此时，士与商的结合更加明显，学者们对汉朝的"贱商"论提出了质疑，叶适提出，"夫四民交致其用，而后治化兴。抑末厚本，非正论也。"苏轼认为"农末具利"；朱熹则说："止经营衣食，亦无甚害。陆家亦作铺买卖。"可见，从唐代起，士民界限已不复前朝那么明显，士商界限开始变得模糊，这也为明清时期儒家经济伦理的成熟埋下了伏笔。

（三）成熟时期

明清以来，中国出现了早期的资本主义萌芽，农业不再是唯一的生产方式，手工业异军突起，商品交易更为广泛，在全国范围内形成了初具规模的流通网络，为商品经济的快速发展提供了良好的社会环境。传统的士民关系在此时发生了很明显的变化，士商界限更加模糊，而经济活动中的商人则经历从"动辄言义，绝不言利"到视追求利益为合法行为的质的变化。明清之际，传统的知识分子面对外族入侵的威胁，充分意识到想要维护自身的尊严，必须获得经济上的独立。因此，他们打破了"士"和"商"之间的壁垒，拥有商人与儒者的双重身份，通过其所学的儒家知识来统帅经济活动，这就为儒家经济伦理在此时期的发展提供了莫大的便利。除此之外，国内人口迅速增长，而朝廷相应的职位却没有增多，这就导致很多读书人难以施展自己的抱负，仕途难行、功名难求成为当时读书人的真实写照。为了三餐温饱，他们中的有些人不得不寻求另一种途径，而明清时期商人取得的成功极大地激励了当时的学子，他们认为"士而成功也十之一，贾而成功也十之九。"因此,"趋商""重商"成为当时普遍的社会风气。明代大儒王明阳在《节庵方公墓表》一文中提出的"士民异业而同道",王献芝提出的"士商异术而同志",都明确地将士与商放在同等重要的位置上,对商人予以充分地肯定。

明清时期的经商者多为读过圣贤之书的人,他们既有读书人的内涵又兼具商人的头脑,这就决定了他们必然会将其所学的儒家圣贤之理应用到经济活动中。他们非常重视儒学经济伦理在商业活动中的运用,明确地以儒家的道德观念为经商准则,在经济活动中主张诚实守信,将做人与做事相结合,人商并重。一方面,他们将商业经营作为锤炼道德的场所,有志于通过社会活动赋予商业尊严感;另一方面,他们又将商业活动作为提升自身精神境界的成功之路。"以儒术饰贾事""用儒意以通积聚之理"互相扶持、同舟共济,使经济活动上升到精神层面,并取得了卓越的成就。

(四) 转型时期

1840年,鸦片战争爆发,中国开始逐步沦为半封建半殖民地国家。此时的清政府腐败无能,贪官污吏横行,为维持政府的正常运作,当时的统治者巧立名目,苛捐杂税多如牛毛,致使商人的资产在此时期大幅度地减少,而外国资本的大幅度入侵,也使得商人处境艰难,经营场所难以维系,而在清政府及外国资本的双重压榨下,儒家经济伦理举步维艰。与此同时,以"自强"为目的的洋务运动客观地刺激了中国资本主义的发展,资产阶级维新派走上了历史舞台,他们对西方资本主义所提倡的私有财产进行了合理地辩护和论证,致使传统的儒家文化失去了其影响力。1915年,新文化运动爆发,资产阶级革命派对儒家学说进行猛烈地攻击,将"打倒孔家店"作为口号,认为儒学是"吃人的礼教",对儒家文化批判性地进行全盘否定。新文化运动中的知识分子在这一社会背景之下采用"一切皆为绝对"的态度分析中外文化,明确提出了要反对旧宗教、反对国粹、反对旧文学,要将"取由来之历史,一举而摧焚之;取从前之文明,一举而沦葬之",将儒家文化简单地看作纲常礼教，得出"中国古书，时时害人""汉字终当废去"的结论，从主观上切断了与中华民族的传统文化的联系，对儒家经济伦理进行了全盘否定。

这一时期儒家经济伦理发生转型势在必行。纵观明清时期，商品经济虽然受到西方资本主义生产方式的影响，但是本质上依旧是以封建时期的农业生产为主，并没有形成规模化、统一化。然而，在这一时期，传统的封建农业生产方式显然不能满足人们的需求，农业和手工业被大型的商品工业所取代，此时的中国商人具有典型的资本主义性质，他们学习西方资本主义的先进生产方式和经营理念，利用科学技术和机器大工业进行大规模的经济生产。但我们必须明白，传统文化体系已经深深地根植于人们的血液之中，深受儒家文化熏陶的中国商人想要彻底割裂与儒家文化的关联是不切实际的，所以他们将儒家经济伦理的精髓与资本主义商品经济相结合，在继承和发扬传统精神的基础上，添加了新的内容。中国商人将救国图存作为核心加入儒家经济伦理中，具有强烈的爱国主义情结，并以拯救国家于危亡中为己任，积极地为拯救中华民族贡献自己的力量，这就有别于传统的儒家经济伦理，体现出此时期儒家经济伦理的时代性。同时，中国商人又兼具传统性，仍然在经营管理上保持传统的儒家经济伦理的特色，像是诚信经营、仁爱和谐等依旧是他们的座右铭。他们通过对时代性的把握，对西方文化的吸收，对传统儒家经济伦理继承，促成了儒家经济伦理在此时期的转型。

（五）新发展时期

党的十一届三中全会以来，思想界对儒学进行了实事求是的评价，重新肯定了其作为中国传统优秀文化的地位，认为其很多观点同样适用于当今社会主义的建设，对构建社会主义和谐社会有重要的意义，因而儒家经济伦理重新回到了我们的视线中。

在经济主战场，大批的知识分子、科技人才以儒学"仁"为基石，在讲信重义的基础上，广泛吸取西方的先进文化，用"取其精华，去其糟粕"的理念，使得一大批高科技企业迅速崛起。在研究领域，学者们对儒学的研究也进入了空前的繁荣阶段，力求通过对儒商的社会作用及精神的进一步挖掘更深入了解儒家经济伦理的本质，期待其在新时代重新彰显出它的作用。张鸿翼教授在其著作中对儒家经济伦理进行了一次全面的发掘整理，较为详细地论述了儒家经济伦理的形成和发展过程，着重从经济运行、关系、行为、政策等方面全面地展示儒家经济伦理的整个理论体系，并在此基础上历史地分析和科学地阐释儒家经济伦理对于我经济伦理的影响。杨子彬教授在《儒学与中国文化的复兴》一文中说道："复兴儒学、振兴中华要走子贡亦商亦政、既富且仁路。具体地说，就是联合学者、政治家和儒商，做集体的子贡"。施炎平教授在《儒商的经济伦理精神及其现代意义》一文中指出，儒家经济伦理是作为一种指导理念来对经济活动进行指导的。贺麟教授认为，中国社会的现代化首先要有道德观念的现代化，而道德观念的现代化就是儒学、礼教的现代化改造和新生，有必要培养更多有学问、有修养的"儒工""儒商"，使之成社会的柱石。儒家经济伦理的丰富内涵同样引起国外经济学者的关注。美国环太平洋研究所所长兼大英百科全书主编弗兰克·吉布尼在分析日本取得经济成功的真正原因时指出，日本取得成功的原因乃是将中国古老的儒家经济伦理与战后由美国引入的现代经济观念融合在一起，并加以巧妙运用。韩国釜山大学的金日坤教授曾经认为，儒家经济伦理与现代市场经济具有相适应性，正是这种适应性使得继承与发扬伦理精神的国家在经济方面有了突飞猛进的增长。美国儒学研究者赫尔曼·康恩对儒家经济伦理所倡导的义利观、诚信观、群体性观念，以及协调与配合都非常地推崇，认为这些是对抗西方个人主义利益突出的有力武器。

儒家经济理论作为智力的载体，作为解决现阶段社会道德失衡现象的手段，它的回归不仅给社会主义市场经济体制注入了生机和活力，而且也是弘扬中华文化与建设人类精神文明的精神保障。

第三节 儒家经济伦理思想的主要内容及基本特征

一、儒家经济伦理思想的主要内容

春秋战国时期是我国奴隶社会向封建社会过渡的时期，也是社会大发展大变革的时期。生产工具的改造带来了农业的大发展，继而出现了更多的剩余产品，从而也带来了工商业的繁荣和发展。经济的大发展，带来了原有国家体制、社会制度的变革和人的思想观念的转变。儒家的先哲们在这个动荡的时代中，创立和发展了适应社会发展，维护新兴封建势力的经济伦理思想体系，其中包含了一系列围绕着农业经济发展和维护封建统治阶级利益的经济伦理思想。下文将从社会环境层面、国家管理层面和经济运行层面分别对先秦儒家的经济伦理思想进行分析和阐述。

（一）社会环境层面的经济伦理思想

春秋战国时期，铁器和牛耕的使用与推广，大大地提高了农业生产力与国家实力，农业已经成为国家经济的命脉。因此，统治者越来越重视农业的作用，探索如何更好地促进农业的发展，巩固自己的统治。他们发现不仅需要技术上的不断发展，更需要从法律上、制度上和思想上不断完善对农业经济的维护和支持。在这样的社会大环境中，儒家确立了农业的基础性地位，推崇重农抑商、重义轻利和天命人为的经济伦理思想，维护以农业经济为核心的封建阶级统治。

1. 重农抑商

在儒家的先哲们看来，土地是一切社会问题的根本，只有解决土地问题才能消除贫富对立。"农"与"商"虽然都是经济活动、经济行为，但是"农"是生产行为，重农是中华民族的历来传统，农业关乎天下存亡兴衰，在农业社会中它是最典型地体现农业社会本质的经济活动。从统治者来说，农业的状况关系到经济是否稳定；从被统治者来说，农业的状况关乎到生活是否富足。"商"则是交换行为，在农业社会中它是居于附属地位的经济活动，而且往往还被看成是最有可能衍生尔虞我诈的不道德现象的经济活动，所以往往是被排挤和压制的。因此，在中国古代，农业因其特殊的重要地位被看成是国家和百业的"本"，而商业则被看成是百业的"末"。重本抑末、重农抑商便成了中国古代农业社会的基本经济国策，既是思想家著书立说、宣传教化的基本价值观，也是统治者进行经济决策的基本指导思想，更是广大老百姓普遍接受的基本价值取向。

在解决土地占有关系和消除贫富对立上，一般说来，先秦儒家都把西周的"井田制"作为模板来制定自己的"田制"思想。孟子主张"经界"，就是指划分整理田界，实行井田制。但他所设想的井田制与西周的井田制不同，是一种带有封建性质的自然经济，以一家一户的小农经济为基础，采取劳役地租的方式。每家农户分有一定数量的耕田和宅园，种植桑树，饲养家畜，吃穿自给自足。孟子认为，允许劳动者拥有房屋及小块土地，对于发展生产、安定社会秩序是有利的。他说："民之为道也，有恒产者有恒心，无恒产者无恒心。"只有使民众有"恒产"，把他们固定在土地上，使其安居乐业，他们才不会触犯刑律，为非作歹。因此，孟子提出了"仁政"思想，孟子和滕文公谈论仁政时就说："夫仁政，必自经界始。经界不正，井地不均，谷禄不平，是故暴君污吏必慢其经界。"孟子还主张农工商并重，曾说："今王发政施仁，使天下仕者皆立于王之朝，耕者皆欲耕于王之野，商贾皆欲藏于王之市"。

荀子吸收、综合和改造了他之前各家的重农思想，把先秦的重农思想发展成一个既包括生产技术，又包括经营、管理制度；既有详备的政策、措施，又有理论说明和论证的较为完备的体系。他认为，农业是国家之本，所以要发展农业，削弱工商业，另外君主也不要聚敛百姓之财，应"轻田野之税，平关市之征，省商贾之数，罕兴力役，无夺农时，如是则国富矣。夫是之谓以政裕民。"他甚至对农业技术措施进行议论，认为"刺草殖谷，多粪肥田。"同时提出要选用良种，因地制宜，"视肥饶，序五种"。

出于统治的需要，中国封建社会的统治者大多都坚持以农立国、重农抑商的基本国策。而受这一国策的影响，儒家形成了重农抑商的经济价值观。所谓"重农"，一是重视维护小农的自然经济性质，切断农民与手工业和商业的联系；二是重视对小农的控制权，将农民牢牢地束缚在土地上；三是在观念上极力强化农业是立国之本的思想，使百姓认同只有务农才是民之正途而商业是"末作"这一观点。所谓"抑商"，就是利用国家政权干预经济生活，抑制商品经济的发展，以维持小农经济，防止由于商品经济的发展而导致人们思想的混乱，以至于"人心不古"。古代的统治者认为，唯有农业才能生产财富，而商业除了为商人制造利益以外，对国计民生没有多少贡献；认为商业利润超过农业利润，商人得利后，往往购置田宅，从事土地兼并，造成贫富不均，剥削农民，造成农业萎缩，从而影响整个社会的稳定；认为商业损害社会道德，商人唯利是图，不择手段，造成社会道德堕落，从而影响社会风气。

由上可见，农业在中国古代的特殊地位神圣而不可侵犯，重本抑末、重农抑商作为中国古代农业社会的产物，既体现了统治者的主张，又体现了被统治者的要求；既是当权者进行经济决策的基本指导思想，又是思想家对不同行业经济活动进行评价的标准。重农抑商曾是中国社会的主流思想，它从一开始就是一个经济伦理学的问题。

2. 重义轻利

在义利理论方面，孔子有"君子义以为质，礼以行之"的说法，即义是礼的内在内容（质），而礼是行的表现形式（行）。在当时社会，礼是以道德规范为主要内容的社会行为规范，是维护封建等级制度的道德规范，它是有利于封建经济政治制度建立、巩固和发展的行为，而与此相反的行为则是

第三章 儒家经济伦理思想

"不义"。在孔子看来"义与不义"是"君子与小人"的重要价值标准。

在这样的价值追求中,义利理论要求人们在追求物质财富的同时,一定要首先考虑到自己的行为是否符合伦理道德规范。在此情形下,"义"进一步演化为阶级的、整体的经济利益,而"利"则演化为个人追求财富的手段。义指体现社会公利的道德标准,利则泛指个人利益、功效。在义与利的关系上,儒家主张"君子义以为上",号召人们努力去追求义,即社会公利,为社会多做贡献,用社会公利限制、约束个人私利。

与此同时,先秦儒家并不否定利,孔子的经济伦理思想中从来没有否定利的重要性,儒学思想体系肯定人们追求物质利益的可取性,"富而可求,虽执鞭之士,吾亦为之。"虽然利固然不可一般地排斥,但是对利的追求必须始终处于义的制约之下,正是在这个意义上,当子贡向孔子请教"完人"的条件时,孔子说了三条,其中第一条是"见利思义"。孔子说:"富与贵,是人之所欲也,不以其道得之,不处也""不义而富且贵,于我如浮云",很明显孔子否定的是不义之利。孔子还要求人们"欲而不贪",正确地对待利益的"得",而对待利益的"失",要做到没有怨悔。

但是先秦儒家对于合义之私利,并不提倡,甚至有时对于私利是轻视的,并把追逐私利的人称为"小人"。孔子认为,"君子喻于义,小人喻于利""君子谋道不谋食,……君子忧道不忧贫,小人反是"。孟子更是鄙视追逐利益的商人,斥之为"贱丈夫",认为他们唯利是图,往往与仁义相距甚远。荀子指出:"君子…好善无掩""君子道其常,而小人计其功。"

先秦儒家"重义轻利"的思想,在承认"义""利"存在的客观必然性,物质利益是人类赖以生存的物质基础和必要条件的前提下,作为一般意义上的价值评判标准,自然也应该成为市场经济的价值评判标准。在追求自身经济效益的时候,首先应该考虑国家的利益、社会的利益、消费者的利益,要树立为消费者服务的原则。先秦儒家的义利观注重社会公利,引导人们为国家和百姓作贡献,这是一种积极的社会本位的义利观。这种义利观造就了中华民族积极向上、追求完善的民族心理和民族素质。但是，不可否认，先秦儒家重义轻利的思想，过于强调义，而忽视了社会对于个人需求的满足，往往容易导致对个人利益的过度压制。而德本财末、为富不仁的思想把德与财、仁义与财利对立起来，并以德、仁作为判断人的行为的唯一标准，使人不敢追求财利。就人格培养而言，无节制地追求个人功利、财富，固然难形成健全的人格，但完全泯灭功利意识，使人安于贫困、淡泊名利、乐天知命，往往也会弱化主体人格在经纬天地、安邦济世等方面的力量。如何把握好义利的关系，儒家经济伦理已经给了我们很好的示范，我们应当继承其精华，弃其糟粕，更好地摆正义利的关系，为现代化建设构建一个和谐有序的经济伦理体系提出合理化的建议。

3. 天命人为

先秦儒家对于"人"相当重视，孟子和荀子都提出过"人本"观念。"民为贵，社稷次之，君为轻。"这虽是孟子从政治意义的角度来说的，但也是源于他对人的哲学意义的思考。"水火有气而无生，草木有生而无知，禽兽有知而无义，人有气、有生、有知，亦且有义，故最为天下贵也。"这纯粹是从"天人相分"的哲学观的角度来说明人的概念。基于儒家对人的创造力量的认识，将天地人结合起来考察，就产生了儒家"人道"观的"无为"与"有为"的对立统一观点。儒家认为，人对天与地的认识，重要的是能"参"，这是决定"无为"与"有为"的重要前提。人之性是以天地之性为前提的，而人之性又是"参"天地物的前提，这强调了人的主观能动性。

儒家主张人们积极主动地去顺应天道。"天人之辩"给出了人在宇宙中的位置、意义和价值，也确立个体道德和社会主义的合理性与合法性的依据和根源。例如，关注生命，重视和爱护生命的价值，以及重视整个宇宙、自然、社会及个体的和谐统一；从"天地之大德曰生"的生命意识中衍生出来的民与天地万物为一体，以天下兴亡为己任，以及"天行健，君子以自强不息"的博大胸襟和社会责任感；也有追求"天地与我并生，而万物与我为一""乐观豁达,和谐有序"的内在深层精神生活谐趣。这些思想对破除市场经济条件下出现的过分膨胀的物质欲望,把人从狭隘自私的个人利益束缚中解放出来,无疑具有积极的启发和教育意义。它不仅可以从内心和价值观念上疏导和治疗我们精神上的各种紧张、焦虑和病态,改善我们的生活及生命的质量,而且对整个社会的健康和谐发展具有重要的价值。儒家以积极人世的态度用人道来塑造天道,极力使天道符合自己所追求的人道理想,同时又以伦理化的天道来论证人道。为了说明仁义礼乐制度的正当合理性,儒家把万物的自然成长过程、宇宙天地生化的过程与"仁义"联系在一起。

在"天人之辩"中还有一个普遍而共有的基调,那就是对宇宙万物所具有的蓬勃生机的赞美,以及对生命价值的重视。把天地万物都看作具有生命的对象加以呵护,承认它们的内在价值,强调人与自然的共生关系,对一切生命都抱有一种神圣感,意识到人类有保护它们的责任,应与它们共同和谐地发展。"地势坤,君子以厚德载物""致中和,天地位焉,万物育焉",及"协同进化"等思想,都深刻地涉及了人与自然万物协调发展的问题。

先秦儒家的天人合一观与可持续发展伦理观具有一定的相契合之处。在自然观层面上,它们都表现出一种整体主义的思维方式,强调人与自然的和谐一致,反对人与自然的对立、对抗。天人合一观把人看成是自然的附属者,认为人遵循自然,顺应自然,才能达到与自然的协调统一。这些卓越而伟大的思想与情感对于我们破除极端人类中心主义,以可持续发展的战略眼光建设我们现代化的生命家园,具有重要的启迪意义。特别是在当今世界,当自然生态遭到破坏,环境污染和能源危机加剧的时候,重温这些教诲,更能感受到其中所蕴含的智慧。我们不仅要在实际生活中制止对地球家园的破坏行为,还应像我们的先哲那样在内心深处建立起更加广阔深沉的生命意识。只有这样,才能最终建设好我们的家园,确立好人类发展的长远战略,达到人与自然之间的和谐统一,将人类社会的发展引向新阶段,为我们的子孙后代留下更加美好的生存环境与空间。

(二) 国家管理层面的经济伦理思想

在农业经济基础上建立起来的封建国家政权，深深地根植于农业经济中，带有浓重的农业经济特点。与奴隶社会相比，封建社会的生产力虽然有了很大的发展，但是依然处于很低的水平。为了更好地处理国家与个人之间的关系，使国家与个人的利益紧密相连。在国家管理层面，先秦儒家提出了富且均民、薄赋节用和见众无人的经济伦理思想。

1. 富且均民

春秋时期，各国的政治家为了实现霸业，纷纷实行富国强兵政策。最先提出国富之道的人是法家的管仲，他在提倡富国的同时，也强调富民，而法家其他的思想家往往只强调富国。同法家强调富国不同，儒家多强调富民。孔子从治国安邦的角度提出了富民的主张，强调对百姓必先"富之"，然后再"教之"。这比管仲的"仓廪实而知礼节，衣食足而知荣辱"更概括、更明确。同法家的商鞅强调富国而一般不谈论富民的做法相反，孟子绝口不谈富国而只强调富民，认为"民可使富也"。荀子在综合了法家的富国论与孔孟富民论的基础上，给"富国"下了一个定义："上下俱富"。所谓"上"指以君主为代表的国家政权，"上富"指国库充实；所谓"下"指黎民百姓，"下富"指百姓富足。由此可见，荀子既主张富国，又主张富民。儒家的富国富民富家的价值观对中国社会的发展产生了重大的影响，历代有为的统治者都把富国强兵、富民安邦作为巩固其统治的有效政策。这对于国家的富强，人民的安定幸福起着重要作用。

先秦儒家把国富民安作为其巩固统治的基础。但是，单一的农业社会由于生产力水平低下，国力和财力都十分有限，导致国贫民穷，百姓的需要无法得到满足。当生产与分配发生矛盾，社会生产、消费的产品匮乏时，儒家不是采取积极措施发展生产，而是实行以平均主义为主的分配方式，以缓解社会供求矛盾。孔子说："丘也闻有国有家者，不患寡而患不均，不患贫而患不安。盖均无贫，和无寡，安无倾。"孟子主张用"井田制"解决土地兼并的问题，以缓解社会矛盾。

众所周知，"均无贫"理论是封建时期的产物，它所提倡的平均只是在同一等级内实行平均分配，在孔子看来，同一等级的人拥有相同的财富就无所谓贫富了，至于等级低下的人，没有得到财富也是天经地义的。故先秦儒家所讲的"均"不是在所有社会成员之间平均分配财富，而是按照礼制所规定的等级进行平均分配，即在等级制基础上的均，财富的分配实行差别对待，并且坚决维护这种差别不会遭到破坏。荀子为礼制等级作了规定："上贤禄天下，次贤禄一国，下贤禄田邑，原悫之民完衣食。"

先秦儒家的这种平均主义思想经过两千多年的发展而不绝，直到今天仍然有其影响力。毫无疑问，均平思想是针对财富占有行为的一种分配伦理思想。虽然这种价值观对减轻剥削、防止兼并、消除贫富差距、促进社会稳定都起了重要作用，但是它带有明显的平均主义色彩，它以牺牲效率和进步为代价，扼杀了竞争，打击了先富那群人的积极性，这对于社会的发展是极其不利的。同时，等级制的平均主义也束缚了人们的创造力，把人们禁锢在既定的社会等级之中。

2. 薄赋节用

孔子反对"聚敛"不义之财，提倡"薄赋税"。例如，当冉求作为季氏的家臣为其增加税收以谋取不义之财时，孔子指出"季氏富于周公，而求也为之聚敛而附益之"，并要求众弟子对冉求"鸣鼓而攻之"。由此可见，孔子的治国方针中带有明显的仁政思想。在孔子看来，国家的税收增加并不是依靠"聚敛"财富而来，而是要依靠生产力的发展，以及提高人民的生活水平，只有人民富裕了，统治者自然也就富裕了。以上这一思想肯定了民富与君富相互依赖、相互促进、相互制约的关系，肯定了民富是君富的基础，这是维护封建社会稳定的重要因素。

孟子主张"薄税敛""取于民有制"。他提出"制民之产"，认为人民如果没有"恒产"就没有"恒心"，只有使人民拥有"恒产"，并固定在土地上，且安居乐业，他们才不会犯上作乱，因而要"薄税敛""春省耕而补不足，秋省敛而助不给"。同时，为保证国家经济、政治和军事开支，以及"劳心者"的俸禄，孟子还主张"取于民有制"，他说："易其田畴，薄其税敛，民可使富也。食之以时，用之以礼，财不可胜用也。"在孟子看来，民有了固定的地产，生活便可以得到可靠的保证，而"劳心者"按时获得远远超过农民生活水平的俸禄，只要按照礼制规定开支国用，财政状况是一定会好的。因此，不应再实行重税敛的政策。

在勤俭、节用的问题上，荀子有比较系统的论述，一是"节用以礼，裕民以政"，即节用要以遵守等级制的生活标准为原则，用等级名分之礼限制和规定不同等级的人的不同消费。如果让不同等级的人过上同样标准的生活，各不同等级的人就不能正常发挥自己在社会中的职能和作用，特别是上层等级的人就会没有权威和威望来进行统治，使社会陷于混乱。这样的节用，不仅不能富国，反而会"使天下贫"。二是节用要"自天子通于庶人"，人人都要"使衣食百用出入相掩，必时藏余。"虽然不同等级的消费额是不同的，但是无论哪个等级都应当遵守这样的原则，即消费额低于收入额。三是藏余、节用不仅是为了防止天灾、战争，也是为了扩大再生产，这里具有为生产而积累的思想。"节用裕民，而善藏其余。……彼节用故多余，裕民则民富，民富则田肥以易，田肥以易则出实百倍。"由于节用所带来的剩余的一部分转化为生产性积累，才能引起生产条件的改善和生产大幅度的增长。荀子的为生产而积累的思想，无疑具有积极的意义，如果剩余仅是为防止天灾人祸的储备，那么节用的意义最多是保证再生产不致因天灾人祸而缩小，而不会促进生产的发展；只有把剩余的一部分转化为再生产的资金，节用才能起到为社会增值的作用。

3. 见众无人

先秦儒家在处理群体与个体之间的关系时，强调个体利益服从群体利益，鼓励人们为家庭、家族、父母，甚至为统治者的利益不惜牺牲自己的利益；在处理个体与个体的经济关系时，提倡利他、礼让和均平，反对利己、侵争和分化，鼓励人们通过沟通道德情感来协调经济关系。儒家讲孝论悌，宣扬重孝轻利、敬爱兄长，要求在道德上自我完善。由于中国的血缘家族是国家赖以生存的根基，所以国家政权不断强化家族，以形成稳固的宗法家长制。因此，儒家经济伦理的价值标准以家族和整体为本位，在现实性上，强调更多的是国家、家族的整体利益。这一伦理思想虽然使中国社会稳定、家庭和睦，但是使个体的独立性得不到充分发展。

儒家的经济伦理是对宗族纽带的加强，"儒教伦理把人有意识地置于他们自然而然发展起来的或通过社会上、下级联系而造成的个人关系中"，从而"导致了中国对宗族制约的维系和政治、经济、组织形式完全系于个人关系的性质。"由此造成的后果就是"一切信任，一切商业关系的基石明显地建立在亲戚关系或亲戚式的纯粹个人关系上面"。在封建等级制度十分严格的社会中，一般关于公私观念的议论都是把这二者作为一对二元对立的关系，并且多数认为二者是相互为害的，即追求私和私利，就必然会对公有所妨害，反之，要优先考虑公，便必须抑制私才能达到。这种公私两相为害、不可调和的二元对立认识，也是现实社会利益关系的反映。在小农经济条件下，财富总量是大致一定的，而且公家（朝廷国家）与私家（家庭家族）是两相分离的，这样就产生了公家与私家如何分割占有财富的份额问题。由于总量一定，二者之中一方占多必然意味着另一方占少，所以二者的利益分配就是个相互矛盾的对立关系。正是小农经济基础上的这种财富生产和财富占有形式的二元对立关系，造成了人们对公私利益关系的二元对立观念。公与私既然是相悖的，那么，站在公的立场上，无论是维护朝廷国家利益的统治者还是社会公共利益的代言人，都必然奉行以公优先的尚公原则，崇尚公和公利而抑制私及私利，并以此为处理公私关系、调和公私利益矛盾的准则。

在儒家伦理看来，修身只是齐家治国平天下的开始，个人修养的宗旨在于培养一种群体意识，以实现个体对群体关系自觉地适应和协调。由此出发,他们注重维护群体的公益,否认在家族群体公益之外还有个人私利。为了维护公益和等级名分制下人们各自合法的经济利益,使人们各安本分,无所僭越,只有在物质利益分配上严守等级名分,适当兼顾贫富各等级的既得利益,使贫者勿太贫,并发挥礼让在经济中的抑制侵争的作用,家族群体公益才能得到保证,社会的安定才能得以维护。

(三) 经济运行层面的经济伦理思想

农业的大发展带来了剩余产品增多的同时,也带来了工商业的繁荣。但在繁荣背后,各种为牟取暴利而进行的不正当竞争也纷纷浮出水面。不正当竞争带来的种种影响,不仅损害了以农业经济为基础的封建经济,而且对工商业的发展产生了极坏的影响,同时,由经济领域蔓延到整个社会的种种负面影响更使得社会风气日趋败坏。就如何规范经济的运行,促进经济的发展,以便更好地巩固封建政权,先秦儒家提出了一系列的经济伦理思想。

1. 从义取利

孔子说:"富与贵,是人之所欲也;不以其道得之,不处也。贫与贱,是人之所恶也;不以其道得之,不去也。"一方面,孔子承认对物质利益的追求是合乎人情的;另一方面,他又认为这一追求必须符合社会公众的道德准则,做到"取之有道",即合情又合理。因此,在儒家看来,商业(人)要实现组织商品流通、完成媒介商品交易的社会职责,就要正确处理好"义"与"利"的关系。这里的"义"是指道德追求,"利"是指物质利益。我们从孔子的"义以生利"(道德追求生成物质利益)和荀子的"以义制利"(道德追求制约物质利益)两个方面,可以看出先秦儒家义利观思想的核心。

"义以生利"是孔子提出的命题。据《左传·成公二年》中记载,卫国派孙良夫等人攻打齐国失败,得到新筑大夫仲叔于奚的援救,孙良夫才幸免于难。为此,卫侯打算赠给仲叔于奚一些城邑。仲叔于奚辞谢,转而请求诸侯才能使用的三面悬挂的乐器,并希望能够像诸侯那样用繁缨装饰马匹以朝见,卫侯答应了。孔子听了这件事,便发表议论说:"这样做真可惜啊,还不如多给他一些城邑呢!"接着孔子进一步论述道:"唯器与名,不可以假人,君之所司也。名以出信,信以守器,器以致礼,礼以行义,义以生利,利以平民,政之大节也。"孔子的这些论述,集中体现了他"义利观"的系统思想。具体来说,所谓"唯器与名,不可假人,君子所司也"这与孔子"名不正则言不顺""君君、臣臣、父父、子子"的"正名"思想合拍。他认为名正了,就可以用名号来赋予威信,威信用来保持器物,器物用来体现礼制,礼制用来推行道义,道义用来产生利益,利益用来治理百姓,这是政权中的大节。

孔子"义以生利",即道义用来产生利益,或者说道德追求产生物质利益的思想,从渊源上看,在孔子之前,就已经流行。据《国语·周语》中记载,周襄王十三年(公元前639年),周大夫富辰说过:"夫义所以生利也,祥所以事神也,仁所以保民也。不义则利不阜,不祥则福不降,不仁则民不至。"《国语·晋语一》中也记载,晋献公时,大夫丕郑说过:"民之有君,以治义也。义以生利,利以丰民。"

孔子赞赏"义然后取,人不厌其取"这一行为准则。他说:"富而可求也,虽执鞭之士,吾亦为之;如不可求,从吾所好。""不义而富且贵,于我如浮云。""邦有道,贫且贱焉,耻也;邦无道,富且贵焉,耻也。"这些话,说的就是"义然后取"或"取之有义"的行为准则。孟子也自觉地把"取之有义"作为自己的行为准则,他在《孟子·滕文公下》中说,如果不合理,就是一筐饭也不能接受;如果合理,舜接受了尧的天下,都不认为是过分的。在儒家看来,"取之有义"还是治国的基本原则,孟子对伊尹帮助商汤取天下的行为颇为赞赏,认为伊尹的行为完全是以道义而不是以金钱为取舍原则的。也就是说,如果符合道义,则应该"义"不容辞,这就是所谓的"取之有义"。

孟子说:"苟为后义而先利,不夺不餍。未有仁而遗其亲者也,未有义而后其君者也。王亦曰'仁义'而已矣,何必曰'利'?"意思是,如果先讲利而后讲义,人们的贪欲就永远也不能满足;如果先讲义而后讲利,人人得到满足,统治者也会得到最终的利益。因为从来没有讲仁的人会遗弃他的父母,会怠慢他的君主。由此可见,孟子所谓的"王何必曰'利'",并非真的不要利,而是从统治者根本利益出发,强调统治者要带头讲义,从而取得先义后利的实际效果。荀子则把义与利谁先谁后的问题提高到统治者个人荣辱和国家强弱的高度,他说:"先义而后利者荣,先利而后义者辱。"又说:"国者,巨用之则大,小用之则小""巨用之者,先义而后利""小用之者,先利而后义"。所谓"巨用之",就是立足于大处,也就是"先义而后利";所谓"小用之",就是立足于小处,也就是"先利而后义"。做法不同,取得的治国效果就大不一样。

从义取利、利从义生的观点对当代中国的市场经济运行具有重要的指导意义,市场经济追求利益的最大化,但也不能无约束的追求。理论和实践都告诉我们,这种无约束的追求经济利益的行为不但不能达到市场经济追求剩余价值最大化的目标,甚至对市场经济有很强的破坏作用。规范市场秩序需要以制度为保障,更需要一种精神支撑来这种制度的运行。先秦儒家经济伦理从义取利的思想有历史根基,且符合社会主义市场经济运行规律的行为准则。

2. 显名轻实

孔子说:"正名以正政""名不正,言不顺,则事不成",他在向子路讲解"正名"观念时说:"故君子名之必可言也,言之必可行也。"将可以用语言进行表达看成"名"正常的标志,又将可以实践操作看成是"言"正常的标志。换言之,"名"与人的实践相关,是可以推动、规范、引导人们实践活动的东西。

荀子说:"明君临之以势,道之以道,申之以命,章之以论,禁之以刑。"有了英明的君主制定正确的名称,才能统一人们的思想,老百姓才能自觉遵守法度、法令,治理天下才可以达到至善,达到"志无不喻之患,事无困废之惑""如是，则其迹长矣，迹长功成，治之极也。是谨守名约之功也"，否则"名守慢而奇辞起"，人们思想混乱，"故析辞擅作名，以乱正名，使民疑惑，人多辨讼，则谓之大奸。其罪犹为符节度量之罪也。故其民莫敢托为奇辞以乱正名，故其民悫；悫则易使，易使则公。"

荀子正名的目的是上以明贵贱，下以辩同异，而他还有一个重要的思想就是要将人划分为不同的等级，认为"少事长，贱事贵，不肖事贤，是天下之通义也。""名守""名分"对维护统治是必要的，使人有群，有分，"君者，善群也"人有分，有贵贱等级才能群，是天下之本利。只有这样人们才能各司其职，不越位，整个社会才会井然有序，君王的意志才会畅通天下无阻，就可以"一天下"。

在制名时，荀子说："散名之加于物者，则从诸夏之成俗曲期，远方异俗之乡，则因之而为通。"对照中原地区既有之名进行约定，达到一致，或者入乡随俗，"居楚而楚，居夏而夏"。这说明名称统一了，人们思想达到了一致，边疆地区也得到了统一，没有叛乱，政通人和。

荀子的王者制名，刑名从商，爵名从周，文名从礼无不反映了荀子强调的正名的统治功用，但他过于强调制名对维护统治阶级服务的功能，从而形成了重名轻实的社会氛围。虽然制名在某些方面确立了社会各阶层的界限与名称，起到了维护社会稳定、巩固封建统治的作用，但是在这种社会氛围下，难免会造成名过其实的现实情况。

名实不符严重影响着市场经济的运行，改革开放初期，钻政策空子的各种皮包公司，采取"游击战"的策略给市场经济的运行秩序带来了极恶劣的破坏和影响。但是，随着各种制度的健全，现在对这些名不符实的公司有了很好的约束机制，维护了市场经济秩序的正常运行。

先秦儒家提倡的显名轻实的本质是为了维护封建等级制度。而市场经济需要平等公正的市场秩序，参与市场运行的每一份子都应该是平等的，无论是企业、政府、社会团体还是个人都应该在平等公正的市场秩序中进行活动。但从社会各层面受到的深刻影响来看，这种显名轻实的观点对市场经济的有序竞争是一种隐性的削弱。

3. 信法不明

贫穷落后是人与人之间能够彼此信任的重要因素。自然经济下的小农生活，大都贫穷得只能维持最基本的生活，从事最简单的再生产。《管子·揆度》中说："农有常业，女有常事。一农不耕，民有为之饥者；一女不织，民有受其寒者。"在落后的自然经济生产方式下，人们的剩余劳动产品是极其有限的，所以统一的贫困线使人们对自己所占有的财富没有任何值得隐瞒之处。

封建国家基层政权的自然村落结构，促使人的相互信任。村落是家族集团所在地，血缘纽带把人们紧紧地联结在一起。在血缘关系的作用下，广大社会成员自觉地承担起应尽的责任和义务，人与人之间是彼此信任、依赖和忠诚的。传统经济伦理最基本的主张就是"交往有信"。所谓"信"，即信任、信用，就是要求人们在经济交往过程中做到"诚信无欺"，这在我国古代经济交往关系不发达，法制不健全，社会信用制度不完善的状况下是十分必要的。孔子说："自古皆有死，民无信不立""信则人任焉"。孔子又强调"人而无信，不知其可也"，认为信任是人们交友与做事的基本原则。在人与人的平等交往中，只有相互诚实，言必信、行必果，彼此之间才可能信任、依靠，才可能有正常的接触和往来。《论语》中直接提及信的言论有三十五次，仅次于仁、礼、知、道、学、德6个概念。

《荀子·法行》中记载："临财而不见信者，吾必不信也。"他们都把诚信作为人们在交往中的首要信条，反对唯利是图、见利忘义、损人利己的行为。诚信在经济交往中，不仅是一种道德要求，而且是人们的利益所在，"讲信修睦，谓之人利"。

信成为人与人、人与社会，乃至国家与国家之间的行为准则。这种自觉依靠内心自省的道德准则，在当时的社会大环境下确实发挥了其协调社会各层面的作用。特别是封建制度确立以及进一步加强后,对民众的控制更是达到了前所未有的强度,而农业经济的特点则束缚了人的活动空间,所以,无论从空间还是时间上给信这一道德准则以坚实的支撑。但是,从另一方面来说,法律在有些层面上却失去了效力,人情大于制度,这是中国自古以来不可避免的制度弊端。信法不明,法律是一个客观标准的调节手段,不但可以规范人与人、人与社会之间的关系,更应该在这些关系发生问题时作为一个调节标准出现。而现实是,信作为一个道德准则不仅渗透到社会的各个层面,而且根深蒂固地植入人的思想中。

市场经济是法制经济、制度经济,在高速运转的市场经济下,空间和时间上的不断扩大和延伸不可能依靠人内部自审的信来规范约束人的行为。因此,人性化的法律的制定有利于更好地服务社会主义市场经济,用制度法律引导"信"更好地发挥作用。

二、儒家经济伦理思想的基本特征

(一)"贵义贱利"的义利观

先秦儒家推崇周礼,主张恢复周礼,认为通过"礼""义"可以协调和均衡社会各种关系,取舍"利"与"欲"。同时,由于春秋时期是"礼崩乐坏""民不聊生"的大动荡年代,先秦儒家主动顺应时代大背景的要求,关注社会经济政治改革和发展,关心人们的利益获取和欲望追求,并自觉地思考经济发展与礼、义要求之间的关系,以此为视角解决一些社会问题。在儒家思想基础和特定的时代背景下,儒家经济伦理思想以其鲜明的特征逐步确立起来。"义"与"利"及其关系问题是先秦儒家经济伦理思想的核心范畴和基础理论。目前,对先秦儒家"义利"观较普遍的理解是儒家重义轻利、重义贬利,但这种理解过于简单和片面。孔子、孟子和荀子等先秦儒家较为一致地主张是义重于利,并理性分析和评价利及追求利的合理性。不义之利、"小人"之利为他们所轻视和贬低,对于合理之利他们给予了肯定和认可。孔子说："不义而富且贵，于我如浮云。"义而"富与贵，是人之所欲也""富而可求，虽执鞭之士，吾亦为之"。孟子对利较为排斥，反对以利益关系为基础的人与人之间的关系，甚至认为以利相接乃是亡国之举。但同时，他又认为消除百姓反叛之心，维护社会安定的前提条件是赋予百姓基本的物质生活条件，并指出对有利于基本生存的物质利益应当追求。荀子在"唯利"不可取的思想基础上，将"富国""民生"问题放到了立论的制高点。他认为，利虽可取，但应以义取利，强调"义胜利者为治世，利克义者为乱世"。同时，荀子还比较全面地阐释了义和利的相互关系，认为道义和私利是人们都有的东西，即使是尧、舜也不能去掉人们追求私利的欲望，想要使人们对道义的追求胜过对私利的追求，关键是君主要重视道义。由"义利之辨"为发端，逐渐形成的先秦儒家"义以为上""重义轻利"的义利观，作为中国传统义利观的主流，成为一种价值取向。一方面，它把"义"的作用片面夸大、绝对化，把经济关系归结于道德关系，把经济生活归结为道德生活，具有明显的局限性。另一方面，它又将价值追求的最高境界体现在比物质之"利"更重要的实践"义"上，有助于从价值观的高度引导人们正确处理个人利益与他人利益以及社会利益的关系。特别是在社会主义市场经济条件下，先秦儒家的利以义取的传统思想对社会主义市场经济发展具有重要的启示意义。因为社会主义市场经济的运行过程，并非是一个完全的经济现象，而应该是"理性"和"物性"并存，伦理和经济统一的过程。

（二）"崇公黜私"的价值准则

"公"与"私"是长期存在于人类社会的一对基本的社会关系，早在先秦时期就引起了人们的关注。"公"在古代社会含义极为广泛，最初是一种对君主的称谓，后来逐渐演化出公共、公益、国家、公正、公允、国有、平均、合理等含义。在先秦时期，儒、法、墨等诸家学说都有关于公私观念的表述。儒家倡导"克己复礼""仁者爱人"等思想，主张通过提倡一种道德境界，引导人们通过自我修养、内省等方式，去除私欲、私心，最终达到

"公而忘私""大公无私"的"君子"境界。先秦儒家的"尚公"理念,是之后历代主流思想谈论公私观念的主要依据。在他们看来,公私是一对二元对立的关系,二者是相互为害的,即追求"私"和私利,必然损害"公"和公利;反之,优先考虑"公",必须通过抑制"私"来实现,二者的利益就是相互矛盾的对立关系。"公"与"私"之间的相悖性,必然造成从"公"的立场出发,无论是维护朝廷、国家利益的统治者,还是社会公益的代表,必然坚持尚公原则,以崇公抑私的原则来处理公私关系、调和公私利益矛盾。"崇公黜私"的价值观念在孔子、孟子、荀子等先秦儒家思想中都有不同的表现形式,但其价值准则确是一脉相承的。譬如,孔子为实现"天下归仁"的理想社会,要求人们"克己复礼",通过道德修养的提升来限制和抵消对物质利益和欲望的过度追求,以维护天下安定有序。孟子思想中的"崇公黜私"思想更多地表现为国家利益优先原则。荀子虽然强调富民乃是富国之基,但是他也坚持"崇公黜私"的主张,认为富国是前提、是目的,富民不过是手段、是条件而已。"崇公黜私"的价值准则,一方面奠定了先秦儒家经济伦理思想的总基调,并与其他经济伦理准则共同缔造了传统经济伦理思想中崇尚群体利益的精神,其在道德领域提倡"克己奉公""公而忘私""天下为公"等观念,是传统伦理思想中的宝贵财富,充分体现了人的高尚精神。另一方面,在其中也存在忽略甚至否定个人利益的倾向,从而在一定程度上挫伤了个人的主观积极性,对社会经济的发展,尤其是商品经济意识的培育,产生了比较大的负面作用。厘清和扬弃"崇公黜私"的公私观念,对于现代经济建设有着重要的现实意义。

(三)"黜奢崇俭"的消费观

先秦时期,儒家的消费伦理思想主要集中体现在《论语》当中。孔子从"均安论"的分配观出发,提出的"与其奢也宁俭""奢不违礼,用不伤义"的消费伦理思想,使节俭被认为是先秦儒家经济伦理思想消费观的核心内容。这一消费伦理思想被孟子、荀子等先秦儒家进一步发展后,构成了一套较为完整的消费伦理思想架构。先秦儒家的消费思想在我国经济思想领域出现较早,是中国传统经济伦理思想中的重要内容,在当代仍然具有鲜活的生命力。儒家的消费思想是在特定经济条件和社会环境下产生的,涵盖了吃、穿、住、用等人们的基本消费需求,其目标在于实现社会个体的基本温饱,而节俭是其根本的消费模式。在历史演进和生产发展进程中其作用可谓利弊兼有。在现代市场经济条件下,其包含的"节财俭用"思想,对于有效使用、节约社会资源和财富,缓解生产和消费的矛盾,引导合理消费,促进企业再生产,推动经济的发展等都具有重要而积极的作用。就其负面影响而言,由于主张以节俭为根本的消费模式,往往会导致对消费的过度节制,妨碍消费对生产的良性刺激,从而使生产不足,不利于经济的发展。时至今日,人们的生产生活及消费条件与先秦时期大有不同,但先秦儒家的节俭消费伦理观念却仍有重要的现实意义。它告诉我们,当财富多了以后,要合理地利用财富,而合理地利用财富是当代所提倡的节俭的应有之义。同时,财富的多寡具有相对性,因此仍应提倡艰苦节俭和开源节流思想,以利于更好地发展生产,搞好生活。

第四节　儒家经济伦理思想的当代价值

一、市场经济条件下存在的伦理问题

中国的现代化进程正处于加速演进的非常时期,在这一时期,人们的价值观念、生活习惯等都产生了革命性的变革。随着我国社会主义市场经济的不断成熟,商品生产、交换的规模在不断扩大,并且最大可能地发挥出优越性,但是随之而来也产生了一系列问题。其中最主要的问题就是对市场经济的伦理要求注意不够,没有建立起与现代化市场经济相匹配的新型伦理道

德，这使得我们在市场经济环境中迷失了自我，丢弃了原本美好的道德观念，引发一系列的社会问题。

(一) 仁爱善良观念淡漠化

我国正处在市场经济快速发展的时期，市场经济最大的优点就是充分调动起了人们创造财富的主动性、积极性，但同时它也成就了各市场主体追求利益最大化的价值取向。现在的市场经济主体片面地理解市场经济的含义，将追求利益最大化作为其本质，秉承了西方个人本位主义思想，处处以自身为核心，一切从自己的利益出发，对社会上所有的事与物都以冷漠的态度处之，将仁爱善良等传统的道德观念视为空谈，将人性中自私的一面不断地加以放大并使之合理化，非但没有将"推己及人"的思想加以传承，甚至采用"己所不欲，而施于人"的反伦理手段从事经济活动，牟取暴利。这种经济思想必然成为社会主义市场经济发展的桎梏。

当今社会，物价、房价、食品安全问题已成为百姓较为关心的热门话题，如果说物价、房价是某个特定时间内的阶段性话题的话，那么频频爆发的食品安全问题则成为国人心中难以根治的顽疾。从整个经济发展、社会转型的背景下看，诚然存在着社会对食品安全重视程度不够，政府检测监督机制失灵等原因，但更为深刻的原因则是经营者仁爱善良观念的淡漠，使仁爱善良成为经济利益的牺牲品。最近几年，揭秘食品安全问题的报道屡见不鲜，其涉及面之广、覆盖层次之深令人震惊。唯经济主义成为市场经济中商人所追求的标准，他们抛弃了原本应该具有的仁爱道德观念以及道德底线，转而追求低成本高收入的生产方法，不断地寻求如何才能在市场如此饱和的情况下更多地攫取商业利益。此时，道德在经济利益面前的作用微乎其微。

仁爱、善良原本是最基本的道德修养，但其当代所呈现的淡漠化趋势是经济快速发展而道德相对滞后的佐证。日本日产公司曾经提出的"品不良在于心不正"的论断，切中了要害，一个没有良知、没有爱心的经济人不但不能体现"乐民之乐，忧民之忧"的高度社会责任感，反而会采取极端利己的方式进行经营，造成价值的断裂，形成商品拜物教和货币拜物教思想，严重阻滞道德精神的发扬，使人的精神世界世俗化，阻碍社会经济秩序有序和谐地进行。因此，仁爱善良观念的重塑必须要提上日程。从一定意义上讲，文化是制度之母，一种社会制度的形成、巩固和发展，需要有相应的文化为其提供指导和奠定基础。改革开放以来，伴随着经济社会的发展和民主法制的推进，我国的文化建设虽然有了很大进步，但是同时也必须清醒地看到，当前的文化建设特别是道德文化建设，同经济建设发展相比仍然是一条短腿，道德滑坡已经到了非常严重的地步。因此，必须在全社会大力提倡道德文化建设，形成讲责任、讲良心的强大的舆论氛围。要使有道德的企业和个人受到法律的保护和社会的尊重，使违法乱纪、道德败坏者受到法律的制裁和社会的唾弃。

(二) 道德与利益观念失衡

亚当·斯密提出了"经济人"的"利己性"假定，虽然长期以来，"经济人"假设遭到了不少质疑和反诘，但主流经济学家从未怀疑过其内核——利己性的存在。而马克思、恩格斯在其著作中对利己性这一说法提出了质疑，他们承认人们追求物质利益的合法性，认为这是很正常的现象，不讲求利益的市场经济是难以想象的，也是不可能存在的，但如果将"获利作为人生的最终目的""把赚更多的钱作为人生的天职"一味地追求利益化，市场机制的确立和完善就难以维系，从长远看，获得经济利益的想法也难以实现。市场经济除了法治精神的支持外，很大程度上也依赖于人文精神的支持，也就是说市场经济具有法制经济与道德经济的双重性质。如何在法制的维护下，形成正确的人文价值观念则成为现阶段市场经济急需解决的问题。

通过对儒家经济伦理义利观的分析我们可以得知，道德和利益就像是天平的两个砝码，两者达到平衡的时候就是对建设市场经济最好的时候。随着改革开放的不断深入，人们对"利"的追求变得更加的白热化，从而忽略了人的精神素质的提高和内在追求，否定了思想文化的独立价值和思想文化发展的相对独立性，用商品规律取代了维护商品规律有序进行的文化现象，以经济效益来衡量一切，将利益作为是否实现人生价值的衡量标准。再加上市场经济体制的健全和完善是一个漫长的过程，在转型初期，市场经济体制的不健全是一个必然现象，而正是由于这种不健全，使得与之相适应的新型经济伦理关系还没有真正的确立，长期的贫穷必然导致对"利"的饥渴感，形成金钱至上的拜金主义观点，与之相对应的道德也势必会走下坡路。这使得在商海中博弈的经济主体无所不用其极的想为自己谋求更多的利益，而对应遵循的伦理规范则是常常无暇顾及。

（三）市场运行中的伦理道德失范问题

处在经济社会转型过程中的中国，原有的道德观念和行为规范由于被否定，逐渐失去其约束力，而新的道德观念和规范尚未建立，不能有效约束社会成员，使社会成员的行为处在一种规范真空或新旧规范冲突的矛盾状态之中。这种道德困境同样表现在经济伦理领域，在市场经济运行过程中，伦理道德失范问题也就成为影响我国市场经济健康发展的重要因素。改革开放以来，我们通过探索建立了市场经济体制，市场经济的运行规则极大地激发了人们追逐物质利益的本性，有效促进了经济的发展，但同时也给人们原有的经济伦理道德观念和行为规范带来了巨大的破坏，甚至有人极端地认为，市场经济是强调利益的经济，不应当再讲道德观念，市场经济与道德观念是油与火的关系。受这种观念影响，一些市场经济主体完全"逐利而行"，损人利己、损公肥私、唯利是图、见利忘义，拜金主义、利己主义成渣泛起，地方保护主义横行，以致破坏环境、浪费资源等竭泽而渔式的开发建设不断出现。这些经济伦理失范的问题极大地败坏了社会风气，影响了市场经济的健康发展。

二、儒家经济伦理思想的当代价值

作为几千年来源远流长的经济伦理观念，儒家经济伦理思想在历史上起到过一些积极的作用，也曾在一定程度上阻碍过历史的进程。我们应当清醒地看到，当今社会中仍有相当一部分人以传统的思维定式或思维方法从事着日常的生产和生活，其中自然是精华与糟粕并存。因此，重新挖掘整理儒家经济伦理思想的当代价值便显得格外重要，以重新整合的经济伦理价值观，为当代所用。

（一）自强不息的进取观

儒家经济伦理思想中自强不息的进取观对社会主义市场经济有积极的促进作用。儒家思想是一种积极入世的人生哲学，它反对消极无为，提倡自强不息、刚健有为。孔子全身心地投身文化教育事业终生不辍，力行"知其不可为而为之"的奋斗精神堪为后世楷模。《周易》中"天行健，君子以自强不息"的奋斗精神成为中国人生活和实践的警言名句。孔子的《春秋》、屈原的《离骚》、勾践卧薪尝胆报仇雪恨、司马迁遭宫刑仍作《史记》，中华民族几千年来的丰功伟绩都是"自强不息"精神的经典；艰苦奋斗、开拓创新、谦虚谨慎、求实苦干等行为都是"自强不息"精神的永恒血液。儒家经济伦理思想中提倡的这种自强不息的进取精神，与现代市场主体，特别是企业家所需要的开拓奋进、顽强拼搏的精神品质是一脉相承的。马克斯·韦伯在谈到新教伦理对资本主义市场经济发展的作用时，就特别强调建立在"天职"观念基础上的勤奋精神和禁欲主义精神对资本主义经济所起的巨大推动作用。商品经济与自然经济不同，它主要依靠的不是客观的自然条件，而是人们在一定条件下主体能动性的发挥。同时，它又是充满风险的经济。因此，商品经济特别要求经营主体必须有一种坚忍不拔的毅力和勤奋进取的刚健品质。儒家经济伦理思想中的"自强不息"对于激发和培养经营主体的勤奋坚韧精神有着重要的意义。一些著名企业家就经常以儒家的"君子以自强不息"来勉励自己，去克服种种艰难困苦，不断创造经营上的奇迹。

（二）宁俭勿奢的自律观

儒家经济伦理思想中"宁俭勿奢"的自律意识对现代市场经济的发展同

样具有积极的促进作用,可以成为经济发展的加速器。因为商品经济本质上是一种资本经济,较充分的资本积累是商品生产得以发生、维持和发展的基本条件之一,而儒家经济伦理思想中"宁俭勿奢"的自律意识有助于资本积累的。儒家思想历来主张勤劳治国,勤俭持家,而中华民族勤劳节俭这一优良传统和自律意识便是始于儒家的。孔子常说:"礼,与其奢也,宁俭。"荀子提出"强本而节用"的主张。他还指出"足国之道:节用裕民,而善臧其余。"说的是,使国家富强的根本方法是节约费用和开支,使人民宽裕。儒家思想所主张的谦让、节俭自律、宁俭勿奢思想,以及后世儒学之宋明理学所倡导的"存理灭欲"等思想的发扬,一方面,可以促成经营者节约消费开支,把更多的资本投入再生产中去,从而促进生产规模的扩大。另一方面,可以养成一般民众的节俭风气,增加社会储蓄,为扩大再生产提供资金支持。深受儒家经济伦理影响的亚洲在经济起飞时的一个共同的特点,就是居民的储蓄率非常之高。正是这种节俭的储蓄风气,为这些国家和地区的经济起飞积累了大量资金。因此,提倡和发扬儒家"宁俭勿奢"的自律观对现代市场经济的发展有很大的促进作用。

(三)诚信为本的伦理观

儒家经济伦理思想中"诚信为本"的伦理观有利于现代市场经济的健康发展。诚信是儒家为人处世的一个根本准则。孔子讲道:"诚者天之道也,思诚之者人之道也。"子贡问孔子如何从政,如何治理国家,孔子回答:"足食,足兵,民信之矣。"子贡又问,三条都有,当然最好,如果不得已,必须在这三条中去掉一条,那么去掉哪一条好?孔子回答:"去兵。"再问去兵之后,仅剩"足食,民信"两条,如果仍迫不得已,在这两条中再去掉一条,那么去哪一条。孔子回答:"去食。"孔子把"民信"这一条留到了最后,因为"自古皆有死,民无信不立"。孔子认为"信"重于食,也重于兵。信即诚,诚就是实,实就是不欺。"信"是儒家经济伦理所强调的"五常"之一。儒家经济伦理的这种诚信为本的道德准则与市场经济条件下企业信誉至上宗旨的要求是一致的，讲求信用、注重信誉是现代市场经济对企业行为的基本要求，也是一个企业获得成功的基本的条件。美国著名思想家富兰克林在书中论述过信用对商业经营的特殊重要性，他指出，"切记，信用就是金钱。"相反，没有信誉，光靠坑蒙拐骗、弄虚作假，绝不可能在激烈的商战中求得生存和发展。信之于人，至关重要。君无信不立、臣无信不立、民无信不立、士无信不立，那么商无信不立，亦属必然。信之于商，犹如阳光、空气和水之于生命，得之则荣，失之则枯；持之则生，去之则死。俗语说"货真价实"，实则是对商界成功经验的概况总结，古往今来，大凡成功的商人无一不是如此。时至今日，儒家的诚信思想仍然是发展市场经济的道德基石和无形资产。再进一步说，在经济领域，诚信是一只看不见的手。诚信本身不讲功利，甚至超越功利，但是它又离不开功利。从某种意义上说，诚信的本质是利他的，然而，在经济领域，诚信这只看不见的手或多或少都能够给商家带来利益。"有德才有财"，制假、卖假、图财害命等践踏诚信的恶劣行为迟早会招致事业失败，企业破产。近年来，也有不少案例证明了这一点。在社会主义市场经济体制下，我们更要树立国无诚不宁，业无义不兴，商无信不立的道德规范。由此可见，对儒家经济伦理思想中"诚信为本"的道德准则的提倡与弘扬，将有利于培养和形成人们在市场交易中的信用意识，有利于企业基于功利目的的信誉得到升华，最终有利于市场经济的健康发展。

（四）贵义贱利的行为观

儒家经济伦理思想中"贵义贱利"的行为观也有利于现代市场经济的健康发展。儒家思想重利轻义，其轻利的观点固然不可取，但其反对见利忘义、"不义而利"，强调"贵义贱利""因义成利"的观点是有积极意义的。孔子说"富与贵，人之所欲也；不以其道得之，不处也。""不义而富且贵，于我如浮云。"市场经济以追求价值最大化为根本目的，一般来说，求利是无可厚非的。但这种求利趋向，如果不加以正确引导及规范，就会助长一些人唯利是图、见利忘义，甚至损人利己、为富不仁的倾向，从而不仅会败坏社会风气，也会败坏市场经济乃至整个社会运行的正常秩序。因此，儒家"贵义贱利""因义成利"的主张，对于人们在市场经济中正确地去求利，有着重要意义。它促使人们在市场活动中把利和义结合起来，谋利而不失义，循义而生利，从而保证市场经济健康有序地向前发展。经商不富让人坐卧不安，但经商发财，怎样去支配钱财，对商人来说也是个考验。我们看到，在现实生活中，有些商人经不起富的考验，或是自私自利，或是骄奢淫逸，挥金如土，生活糜烂。正确的态度应该是富而思源、富而不骄、富而思进、再接再厉、再创佳绩。在个人方面，儒家经济伦理思想也给我们提供了有益的借鉴。在儒家看来，作为一个高尚的商人，不仅要生财有道，而且要在发财之后能够"博施于民，而能济众。"子贡曾问孔子："贫而无谄，富而无骄，如何？"孔子回答："可也，未若贫而乐，富而好礼者也。"

（五）尚宁和谐的发展观

儒家经济伦理思想中和谐发展的观点同样有利于市场经济的健康发展。竞争是市场经济的根本机制。市场竞争，一方面凭借平等竞争的杠杆繁荣了企业和市场，创造了丰富多样的产品来满足人们的需要；另一方面，在市场经济基础上培育起来的自主意识、效率意识、开拓进取精神等都为社会的进步和发展提供了强大的推动力量。但从哲学观点看，任何事物都是一分为二的，所以竞争是一把双刃剑，它既是市场发展的动力，又会给经济运行乃至整个社会生活带来某些负面影响，如人为了征服自然，利用科技手段发明了大量破坏自然的工具，也制造了能毁灭人自身的武器。对自然的过度开发也带来了环境污染、生态失衡、物种剧减，这就破坏了自然和谐，影响了人类的物质生存空间，同时也带来了一定程度的自然灾害。进而，人们对物质利益的过度追求，对自然资源的争夺，造成人际关系的紧张和冷漠，导致国家和民族之间的对立和战争，破坏了人与人之间的和谐。而儒家思想家们认为，自然是崇高神圣的，能够给人以无穷的启迪和无限的美感。他们把宇宙看成是一个和谐的整体，赞美天地万物的和谐，努力亲近自然，效法自然，主张人与自然应当和谐相处。周文王曾指出,不爱惜自然将"力尽而敝之",并告诫周武王"山林非时,不以斤斧,以成草木之长;川泽非时,不入网罟,以成鱼鳖之长。"明确提出了保护资源环境,实现持续发展的要求。孔子说:"天何言哉?四时行焉,百物生焉,天何言哉?""礼之用,和为贵。"孟子提出"亲亲、仁民、爱物",主张爱万物。可见,追求和谐,注重合作是儒家经济伦理思想的基本精神之一,而"天人合一"思想实质上就是朴素的可持续发展思想。如果把儒家的中庸和谐思想引入市场竞争机制中,以和的生成性来补益争得损耗性,以和的规范性来调节争的失序性,以和谐的心态来淡化竞争的紧张与异化,达到以和济争、和争互补,就可以使市场经济竟而不乱、争而不伤,既充满活力,又健康有序地向前发展。

(六) 道德教化的传统观

中华民族是一个崇德向善的民族,崇尚道德是民族精神中最具有特色的一个方面。尤其是儒家经济伦理思想,把道德人格的确立和提升置于首位,强调通过修身不断完善自我,通过教化治理天下。且与西方强调个人利益不同,儒家经济伦理思想道德强调整体意识,即一种为群体社会的利益牺牲个人私利的献身精神。其他如"气节""忠恕""仁爱"等思想,都是倡导一种利他主义的群体意识,即一种为群体社会的利益牺牲个人私利的献身精神,以及要求个体自觉服从群体的思想行为准则。虽然儒家思想过于强调群体利益就会忽视人作为个体存在的重要性,有时甚至压抑个性的发展,束缚人们的独立思考能力,但是却能防止个人主义的恶性膨胀,有助于调节人际关系,维持集体的团结和社会的安定,增强民族的向心力和凝聚力。尤其是在个人主义、拜金主义、享乐主义盛行的当下,儒家经济伦理思想中蕴含的传统观对于解决全社会的道德危机和精神危机,引导和促进市场经济健康发展有深刻的现实意义。再如,对儒家的民本思想,尊师重教,维护家庭,忧患意识和行为规范等的提倡和弘扬,均对市场经济的发展是有利的。因此,儒家经济伦理思想注重道德教化的优良传统是有利于市场经济健康发展的。

第三章 儒家经济伦理思想

先秦儒家经济伦理思想不仅是儒家先贤们的观点和思想倾向，还正确反映了当时客观环境的思想，经过历史的实践被人民所普遍接受，并在两千多年的农业社会中，维护了以农业经济为核心的封建社会经济，巩固了封建统治阶级的统治。

经济在发展，时代在进步。我们今天要建构社会主义市场经济伦理体系，必须先正确认识先秦儒家经济伦理思想的积极作用，只有这样，先秦儒家经济伦理才能很好地融入当代实践中去，才能得到更好地发展并发挥作用。在当代的经济实践中，我们既要传统又要从被传统束缚的思想中解放出来，对先秦儒家经济伦理思想中能够为社会主义市场经济服务的因素，要积极改造，赋予其新内容，使其发扬光大。要极力避免商品经济、市场经济与先秦儒家经济伦理思想的劣化结合，要努力做到商品经济、市场经济与先秦儒家经济伦理思想积极因素的优化整合。

随着我国社会主义市场经济体制的不断完善，以及逐渐实现的高水平现代化，经过脱胎换骨改造的先秦儒家经济伦理思想将以崭新的内容和浓厚的现代气息成为未来时代经济伦理的重要内容，为中国更好地发展注入更多的当代价值。

第四章 儒家民本思想

在漫长的历史进程中,中华民族创造了独树一帜的灿烂文化,积累了丰富的治国理政经验。先秦儒家"民本"思想作为我国优秀传统文化的重要组成部分,长久以来在我国的传统政治思想领域占有统治地位,从古至今都发挥着非常大的作用。先秦儒家民本思想中的民为邦本思想、君舟民水思想、民贵君轻思想、仁政思想对于当今治国理政思想具有重要的启示。

第一节 儒家"民本"思想提出的背景

一、儒家"民本"思想的历史背景

首先,从政治方面来讲。春秋战国作为一个政治局势动荡的时期,诸子百家在治国方面的理念各有不同。法家主张法治,道家主张无为而治,儒家强调民贵君轻,这些理论主张虽然相互影响冲击,但是也是对立统一融合的。因此,我们通常把这一时期称为百家争鸣时期。各派相应主张的代表人物常年游学于各国之间,通过游说统治者宣扬自己的理论主张,从而得到统治者的支持,并以此来宣扬自己的政治理念,希望能够将其发扬光大。"民本"思想作为众多理念之一,得到了统治者的重视,并在各个思想之中"取其精华,去其糟粕",不断地发展和完善,为日后"民本"思想的大一统时期创造了条件。民本思想在政治方面的主张,强调注重民众的思想规范和物质方面的富足,归纳为一句话就是"民贵君轻",以满足民众的普通要求为工具和前提来稳固统治地位。虽然归结到底这也是封建统治者在保证自己专制统治的情况下对民众的一种放利行为,但是在这个时期已经十分难得了。

其次,从经济角度考虑。春秋战国时期是整个社会经济发展的一个大的变革时期也是经济发展的关键时期,经济的发展加大了各个地区的交流与联系。社会政治关系的变化受到了经济关系变化的影响,由于社会生产力有了较大的提高,铁制品和农耕工具的出现和推广,使各地地主阶级的田地开垦量逐步增加,并能够合理合法化地拥有土地。生产力与生产关系的这种变化给以往已经形成的"井田制"格局带来了巨大的冲击。这样一来,土地拥有的合法权利逐步增大,旧的机制已经跟不上新生产力的发展步伐,导致了封建土地所有制一步步取代了奴隶主的土地所有制,进而直接导致了农民土地战争的爆发,百姓生活得不到基本保证,每天生活在水深火热之中,没有精神与动力搞生产导致生产力水平下降,影响了生产力水平的发展速度。因此,作为统治者要改变现状,改变当前的局势,就要倾听百姓的心声,缓和普通阶级与百姓之间的矛盾。与此同时,由于社会经济的不断进步与发展,商人们占有了大量的土地,摆脱了商人这个称号,变为了地主阶级,在政治上也有了一定的地位。

最后,儒家思想的政治核心就是民本思想,这是一个具有跨时代意义的思想。在夏商之际,人民的思想观念比较落后,认为神灵才是这个世界的主导者。而到了周朝,神灵主宰一切的思想又被否定,随之提出了"敬鬼神而远之"的理论,周朝开始有人提出这样的理论想法说明了在当时,天命观已经取代了商朝人主张的帝王君主至上的帝命观。所以,在日常生活中,人们对神的敬意油然增加,部分统治阶级把自己神灵化以便于更好地对人们进行统治。从箕子在《尚书·洪范》中对周武王的表述中我们可以看出,周武王专断独行,偏信龟、巫,将巫术鬼神的占卜结果作为国家大政方针的决策标准，不顾臣民诉求使得朝政荒废，民心离散。殷周之际，社会开始出现不稳定因素，民间暴动频发，社会开始发生重大的历史变革。到了西周末年，各种不安定因素的增多导致社会出现动荡，王不上朝，臣子不策，致使德政治国荒废。在整个西周时期，敬天重神的民风尤其严重，人民生活的疾苦被君王抛之脑后，因此在此期间保民思想已经不具有真正旳意义了。到了春秋时期，敬天成了百姓祭祖的一种形式，已经没有了具体的意义，但保民的意识也只具有表象意义。这种现象的背后是当时社会在礼乐制度被破坏的情况之下，封建统治者对于国家存亡与否的一种忧患意识，是在当时极为困难危急的关头封建政治家的一种选择。这正是儒家提出民本思想的原因所在。

正如子产所说："不媚，不信。不信，民不从也。"要得到民众的支持和拥护，必须重民意而轻君威，只有爱惜百姓、理解百姓才是稳固统治地位的治本良方。在有限度地削弱王权的基础上，最大限度地让利于民，关心民众疾苦，施德于民，才能做到民心思齐。正是这种政治动荡、民生缭乱的大背景为民本思想的产生和发展提供了良好的政治土壤，才能使得统治者有理由接受这种理念。"民本"的内涵是指统治者重视普通百姓生活的一种政治思想。正如"水能载舟，亦能覆舟"说明的道理一样，只有百姓才是国家赖以生存的保证，是一个国家的根基，百姓不仅是统治者的供养者，也对国家的兴亡起决定性作用。统治者在做决策之前，应当把百姓放在首位，也只有为民众着想，才能得到民众的支持，进而维护其统治，这也是我国历朝历代的统治者都直接或间接认可和实施这一指导思想的主要原因。民本思想在我国有深刻而悠久的历史，早期的先哲们虽未明确提及"民本"这一概念，但是我们却可以在其表述中充分感受到重民、爱民、惜民的仁爱之心。

二、儒家"民本"思想的文化渊源

儒家民本思想的文化渊源非常久远，从上古时期的文化中就可以看到民本思想的萌芽，直到春秋战国时期最终由儒家总结而形成系统的思想体系。

第四章 儒家民本思想

梁启超先生曾说，"凡思想皆应时代之要求而发生，不察其过去及当时之社会状况，则无以见思想之来源"。因此，我们在研究儒家民本思想之前，一定要溯其根本，究其来源，从源头上探求民本思想的形成原因。在中国古代，对天权的绝对崇拜是当时社会的普遍原始信仰。

中国的民本思想萌芽于西周时期，其出现之初与当时盛行的唯鬼神独尊的思想不断地进行斗争，正是在这种不断的斗争过程之中，民本思想才得以不断地发展。在原始社会时期，由于生产力水平低下使得人们对大自然充满了敬畏，在他们眼中，各种自然现象都充满了神秘色彩，于是人们凭空幻想出了一些帮助他们控制自然现象的神。伴随着生产力水平的不断提高，人们对于大自然的认识也逐步加深，这种唯鬼神独尊的文化思想逐渐没落，"神"的地位慢慢下降，开始有了"民"的意识。

殷朝时期，鬼神宗教信仰盛行，在民间占据重要地位，家家都信奉鬼神既可以为他们带来丰收，也会给他们带来灾祸，因此进入拜祭鬼神阶段，于是统治者开始利用民众的这一心理特征通过鬼神的宗教观来维护自己的统治。但后来，统治者逐渐发现，一味地崇拜鬼神并不能维持社会安定，所以越来越需要重新调整认识"神"与"民"之间的关系。据史料记载，当时当政的君主在发现自己的统治有问题的时候，就会到民间微服私访，体察民情，发现有不合格的地方就立即改正。他们认为，充分体验过民间疾苦之后有利于今后当政过程中所做出的决策，这样也能够更好地保障百姓的利益，执行政策也更加具有针对性。这在当时已经是很先进的思想了。

到了周朝，历史进入了新的发展时期。周王朝建立之后，周武王用"天""皇天"来向民众宣传天命思想，以"天命"，即上天的旨意来推翻殷王朝的统治。这种"皇天授权"的观念延续发展到后来就是"君权神授"的思想。

从殷商的"神民不分""神民杂糅"到西周的"神民共举""敬德保民"，这些都是我国古代早期的民本思想的雏形。由此我们可以看出，他们的产生和发展也是由简单单一到高级复杂这样一个不断系统化的过程。到了春秋时期以民为本的思想基本确立,至此,这场由神到人、由天到民的伟大文化思潮达到了顶峰阶段,之后的先秦时期无疑是对中国传统文化继承和发展的重要时期。

第二节 儒家民本思想的发展历程

马克思曾说过:"任何真正的哲学都是自己时代的精神上的精华"。冯友兰先生在研究中提出:"吾人对于一人之哲学,作历史的研究时,须注意于其时代之情势,及各方面之思想状况。"这一观念说明,哲学研究能够使人辩证地分析事物,使人变得聪明,并且发散思维智商,是经历不同历史发展时期,人类文明与思想的结晶。无论处于何种理论或是文化发展阶段,哲学都能够反映出与时代相匹配的社会经济以及现实状况,所以影响中国几千年的儒家传统民本思想同样如此。

在我国社会发展过程中,古代社会的小农经济与家族制度在民众思想中根深蒂固,不仅影响国家发展过程中的结构均衡,更导致了家族式管理模式的产生,在儒家民本思想中逐渐形成烙印。这种传统的民本思想以及小农经济发展体系,共经历了殷周、春秋战国、汉唐宋和明清四个不同阶段。

一、殷周民本思想的萌生

殷周时期的民本思想是古代民本思想的源头,"周商时期平民暴动,暴力推翻到政权出现的次数最多,导致在这一时期出现一些比较开明的政治思想家。例如,箕子、微子、比干,最先预知帝内统治社会存在的危机,并率先怀疑"天命"理论,认为在帝内统治中需要尊重人民的意愿,这样才能达到长治久安的政治目标。并清楚地认识到,民心便是天命所在,民意便是天意，若有违民意，便是违背天意。"《尚书·皋陶谟》中说："天聪明，自我民聪明。天明畏，自我民明威。"《尚书·泰誓》中说："天视自我民视，天听自我民听""民之所欲，天必从之。"这些无不说明，统治者只有尊重民众、对民负责，才是对天负责。在顺应民意的政治统治环境下，才能够弘扬德行，统治者才能以德配"天"，得到民众的支持，而顺应天意后所统治的政治局面才能得以稳定，并得到"天"的庇佑。在殷代统治者眼中，民的动向虽不可忽视，但指导思想还是神。他们认为，只要诚心侍神即可，经过周初统治者对传统天命神权观的不断修正，最终提出了"敬德保民"的思想，"内敬所作，不可不敬德"。周内朝对"神本"的重新认识以及对民众地位的重视，促成了民本思想的萌芽，明确地将"民"视为社会运动的主力。但他们对民的认识还是很幼稚的，保民论始终包裹着神的外衣，是"神本"下的民本思想。进入春秋战国时期，社会动荡加剧，礼乐崩坏，人们对天神的崇拜发生了动摇，在人类与自然的关系上，人的地位被突出。随后孔子提出了"仁者爱人"的原则，主张重教化而轻刑罚。这种中庸主义的民本思想符合宗法社会的发展逻辑，因而有着广泛的影响力。孟子是这一时期民本思想的集大成者，他将君与民放在政治天平上权衡，提出了系统的民本思想，"得民心者得天下""民事不可缓"则直接把民本思想推进了以道德为本位、教化为己任的儒学阵营，并使之走向巅峰。春秋战国时期是民本思想的理论概括时期，先秦时期的民本思想是社会现实的深刻反映。在这一时期，儒学思想家从哲理上强调了人与自然的重要性。

二、春秋战国民本思想的形成和发展

春秋战国时期，中国古代社会面临着统治观念的变革，旧制度受到民本思想的严重冲击，众多旧制度在这一时期消亡。诸侯国更替出现，大规模的创新与变革，使政治基础以及经济发展环境出现明显变化。大部分思想先进的政治家在这一时期产生，并结合历史时期的兴衰事件对当下局面进行分析，不断吸取总结历代帝王统治中存在的问题，对民本思想做出创新。

春秋时期的突出点就是明确地认识到政权的存亡与民众选择的因果关系。例如，"民弃其上，不亡何待"这一观念直接阐明了民众的好恶以及内心所向，直接决定着一个朝代的成败衰亡。在秦朝时期，大部分思想开明的政治家认识到，君主在统治中应利民爱民，过度残暴只会影响到民众对其的拥护，以致最终出现众叛亲离，暴力推翻政治统治的局面。

而这一时期明智的思想政治家也提出了国运理论，认为国运关系到政治局面的安稳，要求当政者能够体察民情，了解民众的疾苦以及生存所需，同时多数执政者反对暴力执政、任意刑杀，认为只有通过仁爱逐渐引导民众，才能与民众形成和谐的相处形式。周内史曾对惠王说："不亲于民而求用焉，人必违之……离民怒神而求利焉，不亦难乎！"国运是民众好恶，以及民心的具体体现，能够直接反映出统治政权是否能够长久安稳，更提出在统治过程中应该考虑民众的利益，通过民众利益维持，实现对统治政权的巩固。但此时的民本思想，受当时的政治环境所限，存在一定的局限性。孔子认为，统治者只从利民爱民角度稳固政权并不足以使其长久，而应该使民众知礼守节，维护好君臣、父子等多种社会等级秩序，通过对民众的统治，达到维护君王利益的目的，并确保民众能够生产出财富，为国家与统治者所用。可见，在这一民本思想中存在极强的专政统治色彩，并没有真正从民众角度出发考虑。

春秋战国时期，对于君主与民众之间的关系，孟子率先提出了"民贵君轻"的思想。这一思想可以说在认识论上发生了本质的改变，提出要将民众的生活富足以及幸福安稳放在首位，社稷放在次位，君主放在最次位置。孟子认为，君主统治的政权可以变化，但群众却是长久存在，并与江山社稷融为一体的，只有真正获得民心才能对江山进行统治，并且在政权统治过程中，一旦有失民心，原有的统治局面也将被打破。"民之所欲，天必从之"的思想也在这一时期形成，并得到了极大程度的认同。春秋战国时期的儒家思想家对君主与民众之间关系的处理提出了更高标准，不仅要求他们执政者能够尊重民众意愿，更要求他们能够顺应民心和民意。可见，这一时期的民本思想不仅在理论方面得以创新，提出"水能载舟，亦能覆舟"的理论，形象地描绘出当时政治统治局面中民众与君臣的相处形式。而且民本思想在政治实践中也不断丰富，将保民、利民、爱民、富民的理念始终贯穿其中，与历朝历代的政治思想家的观念融合后，形成了"民惟邦本，本固邦宁"的具象理论，对当时的社会发展起到了极大的推动作用。

三、汉唐时期的进一步发展

秦汉时期，不仅政治思想家与儒家思想家重视民生以及君臣关系处理问题，更有多位皇帝也公开认同"民惟邦本，本固邦宁"的民本理论。形成这一认知的根本原因在于在封建统治政治局面中，经历了历朝历代的兴衰存亡，贤明的统治者能够意识到自己统治给国家政权及政治、经济生活带来的冲击，并能清醒地认识到，只有将自己当作民众的保护者，才能够得到民众的拥护。如果在思想言论中公开否认"民惟邦本，本固邦宁"思想，等同于在政治统治中公开抛弃了群众，不仅会毁坏自身的政治统治形象，更会失去群众的拥护。尽管在当时的政治统治环境中，王权对于群众而言始终处于压迫地位，但如果一旦部分民众在压迫与剥削过程中觉醒，对皇权进行反抗，那必将会撼动当时的帝王统治，甚至导致王朝的全面瓦解。同时，在我国历史上出现的数次农民起义规模之大，破坏力度之强，无不使统治者所畏惧，也成为其引以为戒的警示。唐朝的开国皇帝李渊及其儿子李世民更是吸取前朝衰亡的教训，深刻认识到"民惟邦本，本固邦宁"的含义，并将其落实到政治统治中，从而形成了历史上著名的"贞观之治"。唐太宗曾对大臣讲："为君之道，必须先存百姓。若损百姓以奉其身，犹割股以啖腹，腹饱而身毙"。又说："可爱非立，可畏非民。天子者有道，则人推而为主；无道，则人弃而不用，诚可畏也。"他认为，统治者应将民众作为政权安稳的根本所在，将自己与民众之间的关系比喻为水与船的关系，并认为不同阶层之间应该形成和睦共处的关系。这一内容并不是空虚的理论说教，而是通过建立封建国家政治需求条件，营造出百姓安居乐业的统治局面。

贾谊就提出了自己的人民观，主要体现为，"闻之于政也，民无不为本也。国以为本，君以为本，吏以为本。故国以民为安危，君以民为威侮，吏以民为贵贱，此之谓民无不为本也"。在这一思想中，强调如何通过重视民心所向问题，提升政权统治中政治局面的稳定性，并认为维持国家社会安定局面与人民生活水平有直接关系。贾谊的人民观主要从两方面展开论述：一方面是民意，也就是为何在统治中要以民为本；另一方面是强调通过礼仪引导百姓，提升百姓的生活品质，而不是通过一味的法律约束与责罚来提升百姓的顺从感。在以人为本的思想中，贾谊特别强调爱民与富民，认为在统治过程中，想要维持自身政权的稳定性，首先需要增强人民对政权的拥护程度，而想要获得人民的支持便要通过提供富足生活途径来实现。汤的"网开三面"能够赢得百姓的心，若相反，便会形成像纣王一样的残暴统治形象。纣王的暴力政权与民为仇，所以他很快便被民众推翻，最终结局悲凉，并且口碑极差。贾谊认为，在政治统治中应该注重富民问题，只有民众的生活安稳富足，才能对政治统治给予更高评价。贾谊在《新书·大政上》中更是具体阐明了"与民以福"的政治思想观念，认为民众富足是统治者政治能力的具体体现，只有统治环境中衣食富足有余，才能避免社会动荡不安，才能实现长治久安，百姓才会对政权统治更加满意，从而达到巩固政权的效果。

四、明末清初的发展历程

晚明清初，带有资本主义萌芽性质的商品经济有了初步发展，社会生活中出现了新兴的市民阶层。这一现象反映到思想文化领域，就是汤显祖、黄宗羲、顾炎武、王夫之、傅山、张岱等一大批学者和思想家前仆后继，同声相应，在新的社会时代背景下继承而又超越儒家"民本"传统，既将之作为批判专制君权的利器，又提出具有近代意义的人民观。他们重视手工业、商

业的发展,指出工商业和农业一样都是"民生之本",应该受到保护和鼓励。他们的人民观主要体现在以下几个方面:

第一,批判君主专制,阐扬"公天下"思想。早期出现的儒家思想对政治局面以及政治环境进行了全面评判,并提出"天下非一人之天下"的观念。他们认为,专政者应该自我反思、自我评判,认清自己在政治统治中所处的地位,以及如何通过端正自己的言行和政治决策,发挥对群众的有效引导作用,形成民主化的统治管理格局。

第二,批判封建禁欲论,提倡"欲即天理"。提倡君主要改善民生状况,并营造良好的民生环境,认为"存天理,灭人欲"有违人本,认为帝王在统治中应该形成民主与自主有序的社会环境,反对君王在统治中以一己私利为追求的现状,提出应该加强对民众利益的重视程度。

第三,否定"重农抑商",提出"复井田"和"工商皆本"的观点。明清思想家认为,在传统小农经济为主体的社会发展环境中,要加强商品经济的作用。强调应当统一货币,扶持商品经济在政治统治中的发展。

到了近代,随着西方民主思想的传入,传统的民本思想开始向近代民主思想嬗变。谭嗣同在其著作《仁学》中提出,"生民之初,本无所谓君臣,则皆民也。民不能相治,亦不暇治,于是共举一民为君。夫曰共举之,则非君择民,而民择君也。……夫曰共举之,则因有民而后有君,君末也,民本也。……夫曰共举之,则且必可共废之。君也者,为民办事者也;臣也者,助办民事者也。赋税之取于民,所以为办民事之资也。如此而事犹不办,事不办而易其人,亦天下之通义也"。从中不难看出,这里既有黄宗羲民本思想的痕迹,又有西方近代民主思想的印记。新文化运动时期,儒家思想受到强烈冲击,其正统地位被动摇。

综上所述,儒家的民本思想萌芽于商周,形成于春秋战国,进入封建社会后,随着统治阶级和人民群众矛盾斗争的起伏,民本思想也随之波动。最后,随着近代西方民主思想的传入,传统的民本思想开始向近代民主思想嬗变。所以，儒家民本思想呈现着随社会的发展而不断变化的动态发展过程。

第三节 儒家民本思想的主要内容及特征

一、"民""本"的语义解析

首先，就"民"的本源来看，"民"在甲骨文中表现为被一刃物刺瞎眼睛的人。郭沫若在《奴隶制时代》一书中对其的解释为，"横目的象形字，横目带刺，盖盲其一目以为奴征"，也就是说这里的民是奴隶的意思，带有贬义。然而，郭沫若"刺目为奴"说虽注意到了甲骨文和金文中"民"的构造，但对其字义的解释他是由"畜民"二字继续引申发挥的，"畜"字有爱养、培养、管理、使之生生不息之义，畜民即养民，所以说将民理解为奴隶似乎行不通，且将民理解为奴隶与先秦民的概念不符。其次，就"民"的本意来看，"古者有四民：有士民、有商民、有农民、有工民"，这里主要指黎民百姓、平民，与君、臣相对，所以可以理解为常住本地的氏族。最后，就"民"的衍生意来看，有学者认为"民"在一定程度上还泛指人，如"民受无地之中以生""食者，民之本也"等，其中的"民"可以理解为人。然而，先秦的"民"与"人"的地位还是有区别的，如"樊迟问仁，子曰：'爱人'"，这里的"人"指的是官僚贵族统治阶级。"节用而爱人，使民以时"以及"宜民宜人"里"人"与"民"显然分别代表两种属性的群体。又如，在"子曰：'善人教民七年，亦可以即戎矣'"中，"人"是施教者，"民"是受教者。因此，尽管"民"历经朝代更迭，但其被统治的命运与地位低下的本质并没有改变，仍是处于社会底层的平民百姓，这也是由中国传统社会的王权专制与等级社会所决定的。

"本"由一木一横组成。就"本"的本源来看，甲骨文中"本"的字形

第四章 儒家民本思想

为树的根，与末相对，末为树梢。"本"在古代被理解为草木的根或靠根的茎干，如"木水之有本原""伐木不自其本，必复生"中的"本"是指事物的根源，"君子务本"中的"本"则指事物的主体。总之，不管定义为事物的根源还是主体，都可以将"本"视为"事物的根本"。

综上所述，本文所述之"民"是指处于社会底层的平民百姓，"本"是指"事物的根本"，"民本"的大致意思是将社会底层的平民百姓看作影响国家存亡的根本因素。从对"民本"的解释中可以看出，其所阐述的意思实际上是"等级授受制体系下的产物，具有天然的、浓厚的不平等色彩"。

二、儒家民本思想的主要内容

（一）民贵君轻

商周时期一直被认为是民本思想的萌芽时期，而到了先秦时期，儒家民本思想开始不断的丰富与发展，逐渐形成了系统的儒家民本思想。这一时期，孟子提出了"民为贵，社稷次之，君为轻"的"民贵君轻"说。唐宋时期提出了"民为主，君为客""天下治乱在万民之忧乐，而不在一姓之兴亡"的思想。明清时期，商品经济不断发展，出现了资本主义萌芽，但民贵君轻的呼声依旧没有停息。王夫之指出，"一姓之兴亡，私也；而生民之生死，公也"。从历史的角度来看，关于民本思想，历朝历代对于"民"的地位和重要性都给予了充分的肯定。孔子也一直主张"仁政、德政"，在治理国家上一定要亲民、爱民，一定要给民众以充分的物质保证，给民众以良好安定的社会秩序。他还把君民关系比作父子关系，主张君主要像爱护自己的儿子一样爱护民众。这些都是民贵君轻思想的充分体现。

儒家主张统治者要爱民、亲民，因为只有认识到人民是一个国家的基础，只有爱护好人民，使人民的生活安定，重视人民的社会作用，肯定人民的社会地位，不轻视、轻贱人民，才能得到人民对国家的拥护，才能达到真正的民治君安。

（二）富民利民

"富与贵，是人之所欲也……贫与贱，是人之所恶也。"从历代儒家思想中，我们就不难看出"富民"思想一直贯穿始终。人民是国家的根本，君主如果想要成就民族安定团结，国家繁荣富强的太平盛世，就必须以民生为本，而民生的根本就是"富民"。无论君子还是小人，喜欢富贵而厌恶贫贱是人的通性，是与生俱来的欲望和需求。

孔子在他的思想中毫不掩饰地提出了对富贵的渴望。他说："富而可求也，虽执鞭之士，吾亦为之。"孔子认为，只有满足了人民最基本的生活要求，即能够吃到充足而优良的食物，穿上舒服暖和的衣服，出门有马车坐，又能够攒下自己的积蓄，人民的道德水平才能够得到提高，才能够从本质上杜绝社会混乱的发生。作为一国君主，想要从根本上驯服人民，巩固自己的统治，就要满足人民的求富心理。一个国家的财富总值是一定的，如果大部分的财富掌握在少数的地主君王的手中，人民势必只能过着贫贱的生活。生活上的基本需求得不到满足，势必会引起人民的不满，甚至揭竿而起，以致社会的动荡不安，威胁国家安定。所以，一国之君想要达到"富国"的效果，就要从"富民"开始。放宽对人民的税收制度，真正地关心人民疾苦。孔子的"富民"思想中还提到"不义而富且贵，于我如浮云"。孔子认为，人追求生活上的富足是没有什么错的，但是获得财富的途径很重要。通过自己脚踏实地的劳作和经营而得到的富足，才是真正的富足，才是值得提倡和赞扬的。但是如果是通过不正当途径而获得的财富，即使再多，也都是不光彩、不道德的。他这一主张，不仅对人民的富足提出进一步的要求，对国家秩序的安定也起到了一定的作用。孔子在"富民"的基础上还提出了"富而后教"的主张，即在人民生活富足的基础上，加强思想上的教育才能够使富足长时间地保持下去。

孟子在孔子的基础上继续对"富民"提出自己的主张。孟子的"民贵君轻"思想，充分体现出他对于一国之民的重视程度，从而提出了解决土地问题的"恒产论"。"恒产",就是长期占有土地。孟子认为,奴隶、农民、小工商业者,这些社会底层的人民是国家的基础。统治者如果要想长远地统治国家,就应该为这些社会的底层人民提供最基本的生活保障,让他们能够安心地生活,只有他们能够安心生活才不会有起义、暴动的想法。"若民,则无恒产,因无恒心。苟无恒心,放辟邪侈,无不为已。"也就是说,人民如果不能够长期占有土地,没有生活的保障,就会失去安定生活的心,没有了安定生活的心,就会产生不利于国家发展的想法,这不利于国家的长治久安。因此,孟子把"国富"的重点,放在人民的富足上,批判君主的骄奢淫逸,不关心民生疾苦。孟子的"民富"思想,还体现在重视生产上。首先,在解决了人民拥有土地的问题以后,就要求人民能够按照农时勤奋地耕种土地,并要求君主不能占用农民的农时,延误耕种的最好时机。其次,孟子还特别重视农业的可持续性,认为树木的砍伐、渔业的捕捞等应该是有计划的,不然会造成竭尽的严重后果。最后,从国家制度入手,禁止统治者以税收的形式欺诈人民,应该在维持国家正常运转基础上,放宽对人民的税收政策。

荀子继承了孔子和孟子的理论,提出了"王者富民"的理念。"筐箧已富,府库已实,而百姓贫,夫是之谓上溢而下漏。入不可以守,出不可以战,则倾覆灭亡可立而待也。"意为统治者把人民搜刮一空,而充实了自己的国库,当外敌入侵的时候,虽然国库是充实的,但是没有人能够出来捍卫自己的国家,亡国将是大势所趋。

(三)民水君舟

"民水君舟"论是荀子的观点。他主张:"君者,舟也;庶者,水也。水则载舟,水则覆舟"。荀子的这一主张不同于孟子的民贵君轻论,而是认为君主和人民是一个国家政治统治的两部分,这两个不同的阶级共同存在于国家的统治系统中,既相互制约又互为前提。对于君主来说,必须爱民、亲民才能得到人民的拥护与爱戴;对于人民来说,应当尊君、重君国家才能得到良好的统治,社会秩序才能安定。只要双方协调好彼此的关系,国家就能得到良好的统治，国家政权就会得到安定。

荀子的观点，用辩证的眼光审视君与民的关系，他对君主、人民、国家之间关系的深刻认识对后代君主治理国家有着深远的影响，在巩固君主对国家的统治起着重要的作用。

(四) 为政以德

"为政以德"是孔子政治思想的核心之一。不仅对当时的政治起到积极的作用，还对中国几千年的传统文化起到了深远的影响。中国自古以来对道德方面的要求就颇为重视，孔子的政治思想，就是把道德与政治结合到一起。孔子的"为政以德"思想分为几个层次：第一层是对君主的要求，要求君主在德治中起到表率作用。如果一国之君能够注意个人修养，以及个人的道德情操，对子民起到一种鞭策和榜样的作用，那么在这样的君主的统治下，人民才能够安分守己地遵守社会的道德准则，维持国家的长治久安。君主要能够做到爱民如子，关心百姓的疾苦安危，才能够感动百姓，从而得到百姓发自内心的尊敬和崇尚。第二层是对平民百姓的要求。在古代中国，君、臣、民构成了主要的政治框架，道德准则也是围绕这一框架而进行制定的。作为百姓，要了解自己在整个国家中的地位，从而知道自己应该做什么事，不应该做什么事，严格遵守伦理道德。只有这样上下一致，相辅相成，才能够建构起稳定的道德体系，从而维护国家的安定繁荣。在"德治"的同时，还要加以刑罚。对于那些用伦理道德教化不通的百姓，就可以用刑罚来进行处置。当然，刑罚一定要排在德治之后，一定要以道德教化为主，刑罚为辅。

三、儒家民本思想的特征

(一) 政治上重民意

"统治者的权力由民众赋予"是儒家思想的一贯主张，但实际上，最终的政治权利还是属于君主所有。儒家在承认君主权利合理性的同时也对君主的权力做出限制，认为民众才是国家的根本。儒家强调统治者要把民众的意愿、利益作为决策的根本出发点，要求决策者在做出决策之前一定要听取民众的意见，接受民众的监督。

政治权力的拥有者与行使者是君主和官吏，而君主和官吏的权力是民众赋予的，因而他们在行使权利时应该遵照民众的意愿。一个称职的统治者应该是能为民众着想、为民众做主的，反之，运用手中的权力欺压民众、剥削民众的就非明主，要受到民众的谴责。建立君主专制的目的是能够服务于民众，但历史的事实告诉我们，贪官污吏比比皆是，历朝历代的思想家也从各个侧面揭露了他们的罪行。虽然君尊臣卑是我国历史上占有绝对主导地位的政治导向，但是作为我国古代思想的主流，儒家也一向主张诛杀暴君、昏君。他们他把为民众服务作为统治者的职责所在，强烈批判暴君，在极其严重的情况下甚至允许民众对暴君进行讨伐。

"重视百姓，为民众着想"这一儒家民本思想在中国历朝历代的政治实践中都有所体现，但从实践效果来看，大多数只停留在理论阶段，只是以一种社会思潮的形式存在，没有很好地与实际相结合。只有明清时期的黄宗羲提出过如何在具体的政治制度上制约君主的权力，这也从某种程度上体现出儒家民本思想的局限性。

(二) 经济上重民生

国家的根本是人民群众，而群众最根本的生活需求就是衣食住行，所以统治者要想巩固自己的统治地位，就必须要发展生产力以保证群众的生活质量。因此，生产力的提高，百姓的生活质量得到保障才是统治者利用儒家民本思想的根本所在。在古代，如何提高生产力，又如何保障百姓的生活质量，是统治者研究的重要课题，其中最根本的就是要发展农业生产，只有使农民的生产得到保障，而且能有更多的土地来进行生产，人民才能拥护统治者，统治者才能稳固自己的统治地位。这也是历朝历代的思想家、政治家所研究的重要课题。

从这个角度上讲，儒家民本思想的根本是发展生产，但是，发展生产也存在一些局限性。农业一直是我国古代最主要也是最普遍的生产方式，要保证农业发展，就必须解决好土地和生产者的问题。要保证生产者都有可耕种的土地，并且有时间和能力去耕种，生产效率才会提高，生产力水平才会随之发展。正所谓"诸侯之宝三：土地、人民、政事。"在这三样之中，最重要的就是土地。农业问题一直是国家的根本，其伴随着我国古代社会的每一个历史时期，历朝历代的统治者、思想家都力求能够找到解决农业问题的良好方法，如孟子提出的"制民之产"、董仲舒提倡的"限民名田"等。但是这些举措都只是暂时性的解决问题，都没能从根本上解决农业问题，因为他们根本上代表的还是统治阶级的利益，没能从人民的角度挖掘问题的所在。劳动力是生产力的要素之一，它和土地占有同等重要的地位，因此在儒家民本思想中，统治者不仅要关注土地问题，同样也要关注劳动力的问题，主张通过政策调整让劳动者能够享有更好的劳动环境，能够更合理地安排自己的劳动时间从事劳动生产。在重民、爱民的前提下，儒家民本思想也不忘对封建制度的维护，这体现在对统治者的约束上，要求统治者要适时克制自己的欲望，为百姓着想，减轻百姓的负担，"节用而爱人，使民以时""取于民有制""罕兴力役，无夺农时"就是这种思想的体现。

后来，工商业有了发展壮大的趋势，给农业也带来了一定的冲击，尽管如此，儒家民本思想仍然主张大力发展农业经济，强调不能破坏农业经济占主导地位的经济现状。这种主张对工商业的发展非常不利，遏制了萌芽期工商业发展。小农经济采取的是一家一户的古代经济模式，家庭经济的主要来源是男耕女织，这是我国自古以来的经济形态。因此，儒家民本思想的主张者一直倡导保护农业，从农业是经济根本的这一原则出发，对不从事生产，消极耕作的劳动者积极批判，更是抑制通过工商业等途径获取财富的行为，主张"殴民而归之农，皆著于本；使天下各食其力"。重农抑商一直是中国古代统治者所推崇的重要政策之一，除了少数政治家、思想家之外，大多数的政治家、思想家都对这一思想表示极大的认可。直到近现代以后，才开始

第四章 儒家民本思想

出现一些批判反对的声音，但这些评论家都是以当今生产力至上的标准为着眼点，而忽略了古代经济的实际情况。事实上，就古代经济情况而言，这种抑制工商业发展而大力提倡农业的做法是国家的根本保障，因为这样才能维持最底层人民的基本生活，只有这样才是保证家庭收入稳定的最有效途径。

（三）思想上重教化

儒家民本思想产生于一个战乱频发、群雄逐鹿的年代，各种思想相互碰撞，不同的思想为了获得统治者的认可都尽可能地展示自己的特点和立足点，而儒家思想的特点和立足点之一正是重视思想和道德上对于民众的教化，轻视严厉的刑法。儒家主张的"善政，不如善教之得民也"正是儒家思想重视教化的一个重要体现。儒家思想将民众作为一个国家生存和发展的根本，认为一个合格的统治者要善于驾驭人民，而要驾驭人民就要善于运用教化和道德的力量，进而得到人民在思想上的拥护，用教化的力量将那些不利于国家生存和发展的思想扼杀在萌芽中，正所谓"得民心者得天下"正是这个道理。

儒家思想简言之就是"仁"的思想，这个仁是一种仁慈之心、一种仁爱之心、一种博爱之心，儒家的这种思想为其在统治方式上定了基调。儒家讲究以德治国，重视对于人民道德素质的培养，也注重君主在自身道德修养上的提升。儒家思想和当时的另一著名学术流派"法家"的思想是有较大区别的，法家比较注重运用严刑峻法来维护统治者的政权稳定和王权权威，强调通过加强律法的制定和建设，对那些违反王法的人民用律法加以处罚，这和我国当代的依法治国有一些类似之处。而儒家思想则偏重于教化和育人，主张与其在人民犯错之后进行惩罚，不如在人民没有犯错之前就将错误的种子扼杀掉。注重发挥教育的作用，运用教育来提高人们的思想水平，培养人们的价值观念，让符合统治者需求的礼、仪、文、法成为人民赖以生存的基本准则，从而达到维护统治者专制集权的目的。

儒家思想的重德育、重教化有其积极的一面，可以为我国实行以德治国政策和提升我国国民的教育水平提供有益的借鉴。当然，它也有落后的一面,儒家偏重德育和教化的作用,忽视法律的重要性,这种倾向性不利于我国社会主义法治社会的建立,对于当代法治社会的发展有一定的掣肘。因此,对于儒家的重教化思想我们要辩证地加以理解,充分地取其精华、去其糟粕,从而让它的"光辉"照耀时代进步的道路。

第四节　儒家民本思想的历史价值及当代启示

一、儒家民本思想的历史价值

先秦儒家民本思想是在大动荡大变革、礼崩乐坏、战争频繁的春秋战国时期提出和发展起来的,具有一定的时代性和阶级性。该思想的提出实质是为了维护封建专制统治服务的,爱民重民的最终目的是维护封建统治阶级的统治不被动摇,重民是为了尊君服务的。其历史价值具体来说,其一,维护社会秩序,保证政治稳定;其二,促进社会经济发展;其三,推动了仁治的政治实践;其四,民众的社会地位得到认可。先秦儒家民本思想的内容虽然形式多变,但是其本质都不离民本二字。春秋战国时期,各大小诸侯国以变法为主要内容和特征的治国作为,都为如何治理国家积累了大量宝贵的经验和教训。

(一)维护社会秩序,保证政治稳定

先秦儒家民本思想是在诸侯争霸、战争频繁、礼崩乐坏这样大的时代背景下提出来的。先秦思想家们提出的思想主张都是为了维护封建社会的发展,保证政治稳定的。孔子主张恢复周礼,让社会有礼可遵,有礼可循。孟子主张施行"仁政"的治理措施,强调统治者要懂得"民贵君轻"的道理。这些重民、爱民、裕民的思想都是历史教训与政治实践相结合的产物,主张自上而下施行仁政,在一定程度上缓解了社会上存在的各种矛盾,维护了社会秩序,保证政治稳定发展。荀子主张"尊法隆礼",礼法并重,强调在遵循礼的同时加强法的运用，从而维护社会的稳定发展。

先秦儒家民本思想是统治者施行仁治的旗帜和有力武器，其实质是为了维护封建统治，这是由先秦儒家民本思想自身所特有的封建内容所决定的。但是，随着社会矛盾的不断凸显，统治者认识到广大人民群众的重要性，积极采取措施缓和阶级矛盾，把冲突和矛盾最小化。先秦思想家们提出的为政以德、爱民惠民、勤政爱民思想在一定程度上缓和了社会阶级矛盾，维护了社会的稳定发展。封建统治者把民众视为邦国之本，把自己和民众的关系比喻为舟和水的关系，希望民众能够安居乐业，统治阶级和被统治阶级之间能够和睦相处，这并不是一种虚伪的道德说教，而是基于期望封建国家长治久安的政治需要。先秦儒家为统治者的长治久安提出系统的民本思想，可以说是古代思想政治文明的最高表现。统治者乐于接受先秦儒家民本思想作为治理国家的原则与方法正是这个原因。

（二）促进社会经济发展

经济基础决定上层建筑。生产力的快速发展有助于经济的发展，经济基础的稳定有利于政治的稳定，反过来，政治的稳定又有利于经济的发展。孔子主张"富民"，"富民"首先要减轻赋税，只有减轻百姓的苛捐杂税，百姓才会拥有劳动生产的自觉性和生产积极性，逐渐走向富裕。"富民"还要使民以时，遵循农业发展的客观规律。同时，除了"富民"更要惠民，君主施惠于民，让百姓生活有依靠。孟子主张恒产恒心，认为百姓有了一定的恒产，内心就有了奋斗和努力的目标，从而富裕自身。同时，提倡统治者要省刑罚、薄赋敛，减轻赋税劳役，发展生产。

先秦儒家民本思想认为，国家的治理需要处理好百姓利益、君主利益和国家利益三者之间的关系。而民为邦本，百姓利益的有效保障是处理好三者之间关系的首要因素。百姓富裕国家安定，百姓贫穷国家混乱，这是亘古不变的真理，社会要稳定首先要解决好民众的物质利益需求。物质利益需求的充分满足是百姓生存的基础，国家顺利发展的需要，社会稳定进步的前提。

民心是最大的政治，为了获得民心，统治者要施行仁政，为政以德，藏富于民，使民众安居乐业，发展生存，稳定社会。孔子、孟子、荀子都是富民利民的倡导者，孔子提出"因民之利而利之"，孟子提出"有恒产者有恒心，无恒产者无恒心"的恒产恒心论，荀子则把君主对民众的态度分三种方式解释：第一种是不爱惜民力，强取豪夺民力；第二种是在爱惜民力的前提下，强取民力，使用民力；第三种是只单方面爱惜民力，而不攫取民力。荀子认为，采用第一种态度的统治者会失去民心，从而失去国家；采用第二种态度的统治者会稳固自己的统治，但不会长治久安，最终还是会失去民心，失去国家；采用第三种态度是最好的治理方式，统治者能够获得民心，得到民众的支持和拥护，从而达到国家的长治久安。统治者富民利民思想的实行，一方面有助于满足民众的物质生活需要，另一方面有助于国家的长治久安和稳定发展。

（三）推动了仁治的政治实践

先秦儒家民本思想推动了仁治的政治实践，君主对民本思想的继承不仅体现在对其内容的继承上，更体现在实践上。大动荡大变革的社会环境需要思想上的领导来统一人心、获得人心，先秦儒家民本思想为国家稳定奠定了牢固的思想基石，对实践的认识也最为深刻。孔子提出了"为政以德"的民本思想，并在此基础上提出了比较系统的爱民恤民的民本措施；孟子确立了"民贵君轻"的思想；荀子提出了重民思想。周公敬天保民，重视民的作用，尊重民的地位，得到人民的拥护和爱戴，在其统治期间社会稳定。相反，商纣王残暴，不善待人民，所以在武王伐纣期间，人民不帮助他反而期望商纣王战败，这就是失民心失天下的表现。历史教训是惨痛而现实的，先秦儒家认识到君民关系的重要性，承认君民二者是相互制约的。

在治理国家时应了解民意、获得民心，人心关系到政权的得失，这是历代君主所认识到的治国原则与方法。思想的提出不仅需要传承，更需要付诸实践。百姓需要君主的爱护，仁政的实施需要君主有德行。人民是国家不可或缺的组成部分，统治者要在经济上利民之产，取之于民而用之于民；要不违农时，适时调整好农忙时节用民之策；轻徭薄赋，减轻人民的负担。在政治上施行仁政，为政以德，用德政来治理天下，获得民心，得到人民的拥护和支持。

先秦儒家民本思想主张的仁政是为政以德，主要强调德治，但同时也主张德治与法治相结合。然而，这里的德治与法治相结合是在君主专制统治下的结合，最终落脚点是君主的意愿。法律的制定是约束民众的，而不是约束君主的专制统治的，此时的法治与德治二者是相分离的。德治是为了维护统治者的统治，而法治是为了约束民众的权力和意愿，法律不适用于君主的专制统治，因此不具有普遍约束力的效力，而德治只是民本思想治国理念下的具体措施之一，不具备普遍适应性。为政以德，用德治教化百姓是从维护统治阶级的根本利益出发，而法治对于君主来说是维护其统治的手段。

中国共产党在治理国家方面明确提出德法兼治，德法并重的治国理念，从而弥补了传统民本思想中德治与法治的缺陷，为当代社会主义的政治文明建设提供了有效的制度保证。因此，我们要汲取中华优秀传统文化的合理内容，借鉴其中的有益成果为社会法治提供思想支撑，要坚持不懈地加强社会主义法治建设，依法治国，同时也要坚持不懈地加强社会主义道德建设，以德治国。对于一个国家的治理来说，法治与德治，从来都是相辅相成、相互促进的。两者缺一不可，也不可偏废。法治属于政治建设、属于政治文明，德治属于思想建设、属于精神文明。两者范畴不同，但其地位和功能都是非常重要的。与此相适应，把坚持党的领导，将人民当家作主和依法治国三者有机结合起来，把自身权力和人民当家作主法治化、规范化，通过法治思想治理国家，使社会和谐，人民幸福。通过法治而非人治，把人民当家作主的权利法制化，体现了党和国家对先秦儒家民本思想中人治思想的超越和升华。

法治中的人和道义中的人，前者表现为他律性，后者表现为自律性。在正常的社会状态下，一个正常的人必须是法律人和道义人的结合。在治国理政思想中，既有法治、规矩、制度等硬性约束，也倡导和谐、自律、自治、慎独的精神道义约束。好的社会治理状态，必然是法治和德治的统一。

法治先行，德治辅之。坚持依法治国和以德治国相结合，是坚持和发展中国特色社会主义的现实要求，也正如习近平总书记所指出的："法治与德治，如车之双轮，鸟之两翼，一个靠国家机器的强制和威严，一个靠人们的内心信念和社会舆论，各自起着不可替代而相辅相成、相得益彰的作用，其目的都是要达到调节社会关系、维护社会稳定的作用，保障社会的健康和正常运行。"德治和法治都是中国在社会主义建设中的伟大实践总结，硬约束需要软约束作为补充，软约束需要硬约束的支撑。

而那些批评德治的人，主要是基于以下几个原因：第一，想当然地认为德治就是人治。要知道，德治与人治具有很大区别，德治不会因为个别领导人并非明君而使天下大乱。而人治则是一旦没有遇到明君必然天下大乱。第二，认为中国虽然搞了几千年德治，但是道德不仅没有进步反而退步了，从而否定德治。这一观念犯了典型的形而上学错误，不能因为当前个别道德滑坡的现象就否定德治的效果。要把道德滑坡放到中国经济大发展的背景下来看待，这才是辩证唯物主义应具备的视野。道德局部滑坡是经济深刻调整、社会急剧分化的副产品，改革开放大潮激发了个人主义，道德教育有些跟不上步伐，而一下子进入市场经济，很多道德规范和诚信体系还没有建立起来，不能把局部道德失范理解为德治的失效。第三，严格遵守社会公德、符合伦理道德的确要付出更大的成本。这种认识往往是基于短期行为的判断，或是因一次道德成本较高而得出的结论。然而，我们要知道，在更长的历史周期中，遵守公德、道德的人一定是受益者，而不是失利者。

法律是成文的道德，道德是内心的法律。治理国家就需要尊礼重法，越是想要持久的治理，就越是需要坚持法治和德治的结合，从久远的法制传统中续写法篇，从厚重的道德传承中接受伦理文化的浸润滋养，宽猛相济、恩威并施、刚柔并进。这种德法结合治理的模式，符合马克思主义辩证法的要求。教化失效的时候，道德引导不从的时候，轻的可以忍受，但对于损害道德、败坏风气的人，就必须用法律来惩处。

法律是成文的道德，包括三层含义：第一，道德的约束往往是不成文的简单约定，或者属于并不规范严谨的、约定成俗的约定；第二，成文的法律，更多地具有强制性的约束力与束缚力，没有选择和回旋的余地，对待事情的判断不是模棱两可而是具体详细；第三，当法律的强制约束力变成一种道德的内在自觉约束力时，对于法律严格遵守的行为就变成了一种自觉的行为和信念的理解，而不是外界的强制约束。

道德是内心的法律，包括三层含义：第一，良好的道德修养能够把强制性的他律的东西内化为一种自觉的行为与信念；第二，道德的内在约束力，需要具有法律所特有的持久坚定的硬性要求；第三，每个人对待公道都有自己心中的一杆秤，内心的信念与良心的谴责是道德自身的约束力，这种约束力的作用远远大于强制性的法律，有时甚至会超越法律。法治有法的边界，德治有德的约束，"徒善不足以为政，徒法不足以自行"。正如《中共中央关于全面推进依法治国若干重大问题的决定》中指出的那样，"既重视发挥法律的规范作用，又重视发挥道德的教化作用，以法治体现道德理念、强化法律对道德建设的促进作用，以道德滋养法治精神、强化道德对法治文化的支撑作用，实现法律和道德相辅相成、法治和德治相得益彰。"用法的精确性、冰冷性、稳定性、权威性、强制性来补救德的模糊性、温情性、易变性、教化滞后性。法治起到第二防线作用，即便第一道德边界失守，也有第二法律边界托底。

（四）民众的社会地位得到认可

先秦儒家民本思想将人的存在从神的禁锢和束缚中解放出来，人的生命权利得以体现，肯定了人在社会中的中心地位。从周朝提出"敬天保民"的民本思想之后，神本思想受到了挑战，先秦民本思想家开始认识到百姓的重要性，进而影响统治者对民众的重新认识和反思，统治者吸取历代统治教训，认识到仁政能够稳固统治，暴政会加快国家的灭亡，这其中的关键因素是民众及其对待民众的态度。先秦时期，君主开始关注民众的基本需求和心声意愿，从民意中了解民众的需求和社会发展中的问题，这就从另一方面体现了民意的重要性。"民为邦本，本固邦宁"是先秦儒家民本思想最核心的内容，这一思想使得统治者认识到民众在国家稳定发展中的重要作用以及不可替代的地位。因此，统治者施行仁政，以德治国的治国方略从侧面反映了君主对民众地位和重要性的认识提升到一个新的高度。

先秦儒家民本思想的提出肯定了"民"在社会中的重要地位，这里的"民"主要指的是老百姓。先秦儒家民本思想宣扬百姓在稳定社会方面发挥重要的作用，百姓是朝代更迭的重要力量。历朝历代的统治者都认识到百姓的重要，并清楚地知道有了拥护和支持君主的百姓才可以称之为国，然而，他们虽然思想上认识到这一点，但是在实际行动中往往欺压百姓，横征暴敛这是因为统治者认为只有百姓害怕自己，内心对自己有恐惧才会听从自己的安排。这与先秦儒家的民本思想是背道而驰的。

先秦儒家民本思想从以下几个方面体现了百姓的重要性：第一，统治者要想稳固自己的统治，首先要获取民心，"得民心者得天下"。取得天下是有一定的方法的，即取得百姓的真心拥护，想要取得百姓的真心，就是要满足百姓的需要；而百姓所讨厌的不要强加给他们，这样就足够了。第二，善于听取民意。百姓的心声是统治者最需要听取的，百姓的意见代表了他们正面临的问题。统治者应善于听取百姓的意见和建议，解决国家最需要解决的问题，从而实现国泰民安，社会稳定发展。

百姓所想所愿是国家发展中亟待解决的问题，统治者获得民心，听取民意，从而解决问题，这体现了民的重要性。但统治者往往内心明白，实际行动却偏离百姓，使百姓处于水深火热之中，从而失去民心，使王朝更迭。民心民意体现了民在政治上的重要价值，历代统治者在民本思想的指导与影响下惠及百姓。先秦儒家民本思想是中国传统文化的重要组成部分，虽然该思想在封建社会不具有现实的构建基础，只是有了系统的思想内容，但是先秦儒家民本思想对社会的发展仍具有一定的积极作用，对提升社会的文明程度和对神本思想传统的打破具有一定的意义。近代以来，先秦儒家民本思想被进步思想家注入新的时代内容，与西方民主思想相比，成为推动社会发展进步的重要思想。

君主专制统治下，君主和官员打着为民做主的幌子，践行所谓的民本思想，这本身就体现了先秦儒家民本思想矛盾所在。民本就是以民为本，如果民众都不能为自己做主，那么怎样体现民本呢？君主采取政策措施治理国家，推恩于民，建立制度，为民做主。统治者虽然主张重民、裕民、惠民、亲民的民本思想，但是这些思想都是为了维护专制统治服务的，民众与君主存在一定的等级差别，民众的事情民众说了不算，需要君主为民做主，代替民众解决问题。

君主与民众是不同的利益代表，二者的利益是对立的。这就决定了民众处于被统治的地位，不是利益的参与者，而是利益的执行者，为了君主的利益扼杀民众的利益，统治者的推恩于民、官员的为民做主都是为了自身的利益可以得到维护，因此为民做主抹杀了民众的自主性和自由性，不利于民众权益的维护和发展。为民做主更加体现了君主专制统治的性质以及君主的绝对权力，使人民的积极性得不到提高，只能一直顺从君主的专制主张，按照君主的命令去做事。

人民当家作主是对为民做主的超越，体现了人民的事情自己做决定。人民当家作主不仅使人民的地位得到提高，而且人民的积极性也得到提高，人民是在自主的情况下决定自己要不要做某件事，怎样做某件事，做得好与坏也不需要评价。人民当家作主具体表现为在制度上要体现人民的意志，表达人民的所想所愿，了解人民的心声，深入了解人民的意愿。因为人民的意愿是治国理政最基本的问题所在，解决人民反映的问题是解决一切问题的根本所在，所以了解民意会获得民心，从而获得人民的拥护与支持，进而国家才会稳定发展，社会才能和谐发展。人民当家作主还要保障人民的基本权益，维护人民最基本的生活权益，首先，教育要公平，人人都有受教育和学习的权益;其次,就业要公平,每个人都有选择适合自己的职业以及获得相应劳动报酬的权益;再次,看病要方便,大病小病都能及时得到治疗,而不是因为医疗费一直拖延不治疗,这就需要制定相关的制度以保障人民的基本权益;最后住房问题一直是热门话题,要坚持房子是用来居住的而不是用来炒的。人民当家作主还要激发人民的创新性和创造力,人民的创造能力是无限的,创新精神是一直存在的,只要激发人民的创新性,有所创新,有所发展才能更好地体现人民当家作主。

先秦儒家民本思想作为一种治国方略和执政理念强调国家的根本是民众,这在一定程度上体现出君主对民众的地位和作用的理性认识,所以,先秦儒家民本思想在中国社会发展历程中对维护国家稳定,促进社会经济发展具有一定的历史意义。因此,汲取先秦儒家民本思想中蕴含的治国理念和执政方针政策,对于当代中国社会的发展具有重要的理论与实践意义。

二、儒家民本思想的当代启示

先秦儒家民本思想提出的真正目的不是为了百姓,而是为了维护封建专制统治,为了君主的专制统治服务的。民本思想的提出是在重民的基础上实现尊君,百姓只是维护封建统治的工具和手段。但先秦儒家民本思想的提出让君主认识到百姓在国家治理中的重要性,明白百姓是国家的基础,是国家稳定的前提,是社会长久发展的动力。这对当今治国理政具有重要的启示。

(一)"民为邦本,本固邦宁"的治国理念

先秦儒家继承和发展了"民为邦本,本固邦宁"这一民本思想的核心内容,进而提出符合当时时代发展特征的民本思想,主张施行仁政,施行为政以德的爱民政策。先秦儒家民本思想要求统治者按"以民为本"的方法和原则来施行仁政,体现出充分的人文关怀,它对统治者治国理政的思想建构也有一定的指导和规范作用。时至今日,虽然时代在发展,但是"民为邦本,本固邦宁"的基本要求没变。进入新时代,国家的发展依然要注重人民的利

益需求，紧紧围绕人民所想所需来发展，时刻惦记着人民的发展状况和生活状况，始终牵挂着人民，始终为了人民，始终为人民谋幸福。

新时代"人民当家作主"的思想本质与价值核心体现在人民是国家的主人，是社会发展的动力，是国家稳定的前提。治国必先治家，治家必先治人，治人必先治心。人心是最大的政治，要想治理好国家，就要先得到人民内心的支持与拥护，而人民的心声就是人民急需解决的问题，听取人民的心声，了解民意，解决人民最基本、最关心、最急迫的问题，在发展中坚持以人民为中心。承认人民是国家的根本，是社会发展的前提与动力，坚持把人民的利益问题解决好，让人民在发展中体验到幸福的感觉、满足的感觉、被重视的感觉、被关心的感觉，这样人民才会有内心的归属感和满足感，进而才会各司其职，在工作岗位上认真做事，为社会的和谐发展贡献自己的力量。"民为邦本，本固邦宁"的治国理念体现的是人民在国家中的地位，先秦儒家民本思想首先主张君主要重视百姓的作用，明白百姓在社会发展中处于重要的地位，要依靠百姓来发展社会经济、充实国家粮食储备、宣传国家文化，要通过百姓解决发展中的问题。这对于当今治国理政也是一样的，人民是国家的主人，是社会发展的决定性力量，是社会进步发展的前提，是国家创新力的重要组成部分。

（二）尊重民意的价值观

国家发展很多时候和人一样，都是摸着石头过河，当下和未来有什么事情或状况发生都是未知的，这就需要结合时代发展的特点和趋势加以解决。国家发展是为了让人民更好地生活，安居乐业，长治久安。因此，国家发展要兼顾经济、政治、文化、环境等各个方面，哪个方面有不平衡不充分的发展状况，都需要认真深入审视各个方面的不同情况来解决。中国是由56个民族组成的大家庭，在这个大家庭里，每个成员都有自己的问题和困惑，这就需要从每个成员做起，一一解决，也就是要收集民意，尊重民意，理解民意，解决民意。孟子认为，统治者在治理国家时，应当以了解民意、尊重民意、顺从民意为标准,"所欲与之聚之,所恶勿施尔也。"民意是最大的政治,反映的是人民急需解决的问题,因而要尊重民意,重视民心,赢得人民的信任和支持。先秦儒家民本思想主张统治者要听取民意、了解民意、分析民意,最后顺应民意,这一主张具有重要的价值导向作用。了解民意是治国理政的要义,民意反映的是人民最关心的问题,最急需解决的问题,最迫切的问题,这些都是人民在生活中积累到的,国家在治理过程中要善于听取民意、了解民意,这些问题也是国家发展中最基本的问题,人民的问题就是最大的问题,人民的问题就是第一位的问题。如今,国家每年年初都会发布中央一号文件,且连续发布了十几年,已经成为解决三农问题的专属文件。这些文件里包含着人民的方方面面问题,体现了国家对人民的重视,对人民地位的正确认识,真正使群众成为利益的主体。这也是先秦儒家民本思想尊重民意主张的导向作用的具体体现。"政声人去后,民意闲谈中",民意都是通过人民的闲谈体现出来的,人民口中所反映的问题是最常见、最基本的生活问题、民生问题,其中包括住房问题、教育问题、社保问题、养老问题等,这些都是人们在日常生活中常常遇到的问题,是急需解决的问题。"一切为民者,则民向往之",在国家治理中,为人民着想,时刻牵挂着人民的发展问题,想人民所想,做人民所做,思人民所思,这样国家就会稳定长久的发展。

尊重民意就要深入基层去了解民意。全国人民代表大会召开前期,记者会深入基层调查民意、了解民意,通过媒体表达人民所需所想所愿,这就很好地体现了尊重民意。人大代表深入基层,了解人民在生活中遇到的问题,之后在全国人民代表大会上提出并积极解决,这也很好地体现了尊重民意。政府官网上公开某一问题解决方法的意见建议,同样很好地体现了尊重民意。

现在的政府工作是公平的、公开的、公正的,国家治理处于一个开放共融的社会发展背景下,这对于人民在社会发展中的满意度的提升具有重要的作用。要提高人民参与度,充分发挥社会组织、慈善机构、民间团体、非政府组织、各种自治协会的积极参与作用,在参与广度和深度上进行探索试点,加大政府管理创新,适当简政放权,重视民间力量,拓宽百姓参与治理的深度和广度。

尤其是互联网时代,人人都是发声者,人们通过网络表达自己的心声,在网络上发布一个视频、提出一个问题,这些都会随着点击率不断地增加而被人们所了解,逐渐成为一个大家共同关注和急需解决的问题,这就为国家治理中了解民意增加了一个渠道,而且能更真实具体地反映百姓生活中的问题。对于这些人民所反映的意愿,首先要给予尊重并在此基础上了解民意,解决问题,这是正确对待民意的应有态度。因为人民群众的力量是巨大的,他们所反映的问题是最基本的生活问题,也是社会发展中最急需解决的问题,只有把这些反映人民心声与呼声的最基本的问题解决了,我们的社会才会稳定,百姓生活才会幸福。

(三)民本情怀与民生情结相结合

民本首先是一种情怀,是国家发展中植根于人们内心的一种情感所在。民本体现的是人民是国家的根本,是社会发展的前进动力,是社会稳定发展的保障,这是一种情怀所在。民生是一种情结,人民在发展过程中遇到的问题都是急需解决的民生问题,这是一种情结体现。住房情结、教育情结、看病情结、社会保障情结等民生情结是与民本情怀相关的,民本情怀寓于民生情结之中。民生问题是社会发展中的大问题,它涉及住房、就业、教育、看病、社会保障等各个方面,是一个系统问题,而这些问题的解决都蕴含着民本情怀。为人民办事,解决人民的问题,时刻想着人民,为人民办力所能及的事,这都是民本情怀的体现,寓于民生情结之中。民生问题关系国家发展大计,是国家治理中的一个重要问题,需要不断地创新思路去提出解决办法。

民生是目的,民本是前提;民本保障民生,民生促进民本。民生建设顺利实施是对民本思想的最大支持,民生建设促进民本思想得以贯彻实施,付诸实践。

综上所述,先秦儒家思想作为中华优秀传统文化的重要组成部分,其中的民本思想对新时代治国理政具有重要的借鉴意义。我们要深入挖掘儒家民本思想中重民、利民、富民、教民的政治价值观,结合时代发展需要,加以继承和创新,使之更好地融入现代政治文明的建构中,使之更好地符合当今时代的潮流与发展形势,做到以人民为中心,为人民谋求幸福生活,为人民谋利益谋发展,以人民对未来美好生活的憧憬为奋斗目标,最终实现人的全面健康发展。

第五章　儒家孝道伦理思想

儒家孝道伦理思想是我国积极应对人口老龄化与建设社会主义文化强国的重要力量源泉，也是适应我国实际、继承我国文化传统的一个选择。社会转型时期，年轻一代的价值观念与行为方式发生了深刻变化，他们不再重视儒家孝道伦理，出现孝道观念淡漠、孝道行为缺失等问题，进而导致家庭养老功能弱化，孝道文化面临消解的危机。新时代，要传承儒家孝道伦理思想，发挥其在社会中的重要作用，恢复其在道德文化体系中的重要地位，就需要我们理性地认识儒家孝道伦理，取其精华，积极弘扬儒家孝道伦理中"养亲""尊亲""敬亲"等内容；去其糟粕，剔除儒家孝道伦理中不平等、封建政治性等内容，为和谐社会的构建、中华民族伟大复兴的实现提供坚实的文化基础。

2020年，第七次人口普查数据显示，我国60岁及以上老年人口已达2.64亿，占总人口的18.70%，相比十年前上升了5.44%，说明我国开始进入中度老龄化社会。在此背景下，我国养老问题艰巨且复杂。人口老龄化带来的问题涉及多方面，如养老问题突出、老年人医疗保健及生活服务需求突出、社会福利事业发展不平衡不充分问题突出、社会负担加重等。我国古代通过推行"孝道"伦理思想形成了解决养老问题的长效机制，然而当前家庭结构的变迁弱化了家庭养老功能，这种变化是否会对"孝道"伦理产生影响，以及当前社会是否还需要以弘扬"孝道"伦理来维持或是帮助形成一种解决养老问题的长效机制，是一个值得研究的问题。受国外个人主义、功利主义等思想的侵蚀，不少年轻人感恩意识、责任意识、道德意识薄弱，啃老、靠老、弃老、虐老等问题突出。同时，受家庭结构、社会政策、经济下行等多重因素的影响，年轻一代的家庭观、婚恋观发生很大变化，晚婚晚育甚至是不婚不育现象较为突出，不可避免地会对传统孝道产生一定的冲击。面对当代社会主流价值观念以及社会需求，传统孝道伦理需要注入新鲜内容，才能更好地发挥其作用。

第一节 儒家传统孝道伦理概述

新时代，要想更好地传承和弘扬儒家孝道伦理，需要我们对儒家孝道伦理思想有一个理性、客观的认识。

一、儒家孝道伦理基本概念界定

（一）孝

"孝"始于父系氏族社会形成初期。由于血缘亲子关系和个体家庭产生，为了维持家庭的生存与延续，父母有养育子女的义务以及支配子女的权力；子女要尊敬和服从父母，并在成年后承担赡养义务以报答父母养育之恩，人类的孝观念和孝行为就此产生。从某种意义上来说，这也是人类孝意识的起源。而"孝"文字的产生使"孝"真正从意识变为概念。不论是金文还是篆书、隶书，"孝"字的字形都是由两部分组成的会意字。《尔雅·释训》有曰："善父母为孝"；《说文解字》中也有曰："孝，善事父母者。从老省，从子，子承老也。"这些解释几乎都是对"孝"的各种字形的会意。"孝"字的上半部分像一个长发佝偻的老者形象，下半部分是"子"字，老在上，小在下，包含两层含义：一是成年父母要疼爱和保护自己的子女；二是子女成年后要承担起照顾和赡养老人的责任与义务，让父母安享晚年。这体现了长辈与子孙后代之间相亲相爱、其乐融融的美好情景。这种伦理层面上的"孝",既是我国古代儒家大力提倡的内容,也是能被当代社会大众所接受和认可的内容。"孝"在西周时期被赋予了"尊祖敬宗"的含义,父母在世时,子女要尽心竭力地奉养;父母去世后,通过祭祀的方式延续这一情感,使"孝"的对象进一步扩大,祭祖行为由此产生。经过代代相传,祭祖也成为"孝"的表现。西周确立宗法制之后,将"祭祖"和"孝"纳入宗法的范围,突出了尊祖之意,提高了尊祖的意义。到了春秋时期,儒家将"孝"的伦理意义大大发展,给"孝"赋予了"仁"与"礼"的含义,并提出了孝的具体伦理道德规范,使"善事父母"成为"孝"的核心意蕴。"孝"从产生到发展演变,有着多方面的意义和要求,但"善事父母"是最为突出、最重要的内容,其本质始终是"养亲""尊长""敬老"。

(二)孝道

道,本义为道路,可引申出抽象意义的规律、学说、道义、方法、技艺等意义。孝道,是在人类本性的基础之上产生的敬爱父母之心,并加以保存、发展和扩充的道德原理。也就是说,孝道是对孝思、孝行做出的道德、礼仪规范。对于孝道的理解,一些学者从不同角度作出了论述,有人认为,孝是家庭道德、社会伦理,在传统社会中是治国安邦的大道。也有人从现代心理学的角度对孝道进行了解释,认为孝道是子女善待父母的心理和行为方式,即孝心和孝行,孝心是内核,孝行是孝心的载体。还有人从政治学的角度论述了孝道,认为孝道是一种自觉的社会行为规范准则和要求,是影响政治权力的统治基础、作用方向和实践方式。也有人从伦理学的角度对孝道进行了解释,认为孝道兼具功利性和道义性,作为一种伦理观念,赡养、尊敬、顺从是每个社会成员的基本道德底线,而丧祭、荣亲、孝为仁本、孝治天下等则是一种美德,属于个人的优良道德品质。综上所述,孝道作为一种伦理道德规范,是我国古代封建社会的产物,其内涵与表现受社会政治、经济、思想等因素的影响。立足于当下社会实际,我们既要看到孝道作为做人的基本道德原则和底线,作为一种优良道德品质,对修养自身、和睦家庭、稳定社会有积极价值,还要看到孝道是随着社会发展和时代进步而不断发展变化的,要积极传承其中的合理部分,摒弃其中的不合理之处,改变和转化合理与不合理的共生部分,以当代社会的价值理念和条件创新过去没有的内容和方式,孝道才能继续发挥其独特的价值。

(三)儒家孝道伦理

儒家孝道伦理以"仁"和"礼"为核心,是规范亲子关系最重要、最基本的伦理学范畴。孔、孟、曾三人是儒家孝道思想理论的代表人物。孔子是儒家孝道理论的开创者,其孝道思想为:其一,"孝"为仁之本。《论语·学而》有说:"孝弟者也,其为仁之本与?"孝敬父母、友爱兄弟是每个人应尽的道德义务,是"仁"的根本。"孝"为仁爱之根基。《论语·学而》中说:"入则孝,出则弟,谨而信,泛爱众,而亲仁。"在家孝敬父母,出门友爱兄弟,一个人首先做到爱自己的父母和兄弟,才能做到爱他人,进而才能达到"仁"的最高境界。其二,"孝"之以礼。《论语·为政》中曰:"生,事之以礼;死,葬之以礼,祭之以礼。""今之孝者,是谓能养。至于犬马,皆能有养;不敬,何以别乎?"父母在世或去世,都要按照礼节侍奉父母。"孝"要受到"礼"的规范。其表现为:父母在世时,既要用物质奉养父母,还要敬重父母。"敬"以"爱"为基础,是发自内心地敬,这是人与动物的区别所在。父母逝世时,要为父母行祭祀之礼,同时守丧三年以表达对他们的真挚情感。其三,"孝"为仁政之源。《论语·为政》中说:"'孝乎惟孝,友于兄弟,施于有政,是亦为政,奚其为为政'孔子认为,不是只有做官才算参与政治,只要孝敬父母、友爱兄弟、家庭和睦,将这种风气带到政治上,国家自然安宁稳定,这就算是参与政治了。孔子以"孝"为出发点,通过血缘、人伦构建稳定有序的政治伦理环境,用统治者的率先垂范教化百姓,进而形成百姓自治的良性政治秩序,此曰"仁政"。

曾子是儒家孝道理论的集大成者,其孝道思想为:其一,将"孝"全面泛化。曾子将儒家"仁、义、礼、智、信"等所有内容纳入孝的范畴,将家庭层面的"孝"泛化至道德、政治、社会甚至是天地之间,使"孝"成为诸德之源、百行之本。其二,移孝作忠。《大戴礼记·曾子大孝》中有言:"事君不忠,非孝也;莅官不敬,非孝也",对君王不尽忠心、做官不敬业都是不孝,曾子的这一观点使忠君成为"孝"的一部分。《大戴礼记·曾子立事》中说:"事父可以事君,事兄可以事师长",曾子认为对待父兄的原则就是对待君主和师长的原则。曾子将"君、臣、父、子"的伦理等级观念和"事君以忠"的政治观念融入孝道理念中,对后代"移孝作忠"的观念影响深远。

孟子将"性善论"融入其孝道思想,使儒家孝道理论体系更加完善。其一,要尊亲、慕亲、得亲、顺亲。《孟子·万章章句上》中说:"孝子之至,莫大乎尊亲""大孝终身慕父母",孟子认为终生敬爱和尊敬父母是孝子的最高境界。《孟子·离娄章句上》中说:"不得乎亲,不可以为人;不顺乎亲,不可以为子。"即为人之子要获得父母的肯定,要顺从父母。其二,孝以为本,平治天下。《孟子·滕文公章句上》中说:"父子有亲,君臣有义,夫妇有别,长幼有序,朋友有信。"孟子认为,在五伦中,父子和君臣两伦最为重要,父子之伦为核心,即孝悌为道德中心。如果每个人都能按照五伦规定的道德标准行事,就能稳固国家统治,安定社会秩序。

作为我国先秦儒家孝道思想系统化、理论化的成果,《孝经》的完成标志着儒家孝道的创立,其全面性和带有浓厚政治性的孝道思想对后世产生了极其广泛的影响。

二、儒家孝道伦理的起源与发展

(一)先秦时期儒家孝道理论的形成

研究先秦儒家孝道伦理,某种程度上对协调家庭关系、尊老敬老、维护社会稳定、培养民众对国家的社会责任感方面都有重要的价值。首先,要明确先秦到底是如何划分的,经历了哪些朝代。经史料考证,先秦的先,上可以追溯到旧石器时代，下到战国时期为止，历史跨度长，经历了诸多朝代。当然，学界有相关专家学者把先秦的上限追溯到中华民族进入文明时代开始，可见对先秦文化的研究很有必要，它也是中华文化早期的重要组成部分。先秦早期，国家开始形成，诸侯之间纷纷追求利益，想争霸天下，取得自己的统治地位，因此进行征战。在社会礼崩乐坏、动荡不安的背景下，统治阶级要想在激烈的斗争中赢得霸主地位，需要通过招纳贤士、建言献策、著书立说的途径来赢得人心，用一套合理的学术思想为国家的强大富足提供帮助，这就形成了当时思想文化界百家争鸣的局面。

先秦时期，儒家学说的代表人物，除了孔孟之外，还有孔子的弟子曾子和荀子。这四位儒家学派的集大成者对孝道文化都有很深刻的认知与体会，但这些孝道思想，不是孤立的、自成体系的，相反构成了中国传统社会儒家孝道伦理的核心，成为后世学习和效仿的样板。

孔子认为，普通大众与圣人之所以有差距是因为修行不够，人只有不断的修养身心，不断提高自己的精神境界，才能慢慢地向圣人靠近，缩小差距。孔子提倡的孝，是从个人到社会、从家庭到国家、从尽孝到尽忠、从成人到成圣、从尽善到尽美的极致状态。

因曾子出生于春秋晚期，早于孟子，这里按照时间跨度，先了解曾子的孝道思想。曾子强调，一个人孝敬父母，不仅是自己的责任与义务，而且为后世起到一个良好的示范作用。此外，孝敬父母，不仅要在物质上给予父母侍奉，精神上更应当给予安慰，但仅仅做到如此，还不能称之为大孝，一个大孝子，要发自内心地对父母表示尊重，一个真正的孝子会把孝顺自己的父母当作福分而非当作负担与累赘。曾子一生以孝著称，人称宗圣，历史上有关于曾子啮指痛心的故事，被民间传为佳话，收录在《二十四孝》中。曾子终其一生品德高尚，他的老师孔子认为曾参可通孝道，儒家伦理思想中有很多关于曾子与孔夫子对孝道问题的讨论，留给后人诸多启发与思考。

孟子生活在战国时期，人称亚圣。与孔子的孝道思想相比，孟子的孝道

第五章　儒家孝道伦理思想

思想有了进一步的发展。孟子认为，孝道建立在大爱的基础之上，当然这种大爱主要讲的是一种仁义伦理，追求的是义气。"为人臣者怀仁义以事其君，为人子者怀仁义以事其父，为人弟者怀仁义以事其兄……然而不王者，未之有也。"孟子主张行仁义之事，认为讲大爱才是尽孝的根本所在。此外，孟子非常注重丧葬之礼，强调父母去世，子女应当守孝三年。他认为，丧葬仪式的办理，是孝敬父母的一种行为，主张尽其所能地为去世的父母安排厚葬，只有如此才能最好的尽孝，才能不愧对父母的养育之恩。在双亲去世时，孟子也根据自己当时的能力情况，为父母置办丧礼，一定程度上也说明孟子不主张劳民伤财，提倡根据自己的实际情况为父母处理后事。

荀子与孟子的孝道观念大为不同，荀子认为，"丧礼者，以生者饰死者也，大象其生以送其死也。故事死如生，如亡如存，终始一也。"又主张："事生，饰始也；送死，饰终也。终始具，而孝子之事毕矣，圣人之道备矣。"他认为，祭奠已逝去的先人，搞外在的形式没有必要，诚心实意最佳，在双亲生前尽到孝道即可。荀子提倡的以礼义为本的孝道观念，更多是涉及当时的伦理法制，为维护国家的安定，从统治层面而言的，并不注重强调人伦之本，更多是涉及定国安邦之法。因此，荀子的孝道观念某种程度上触及了统治阶级的上层建筑。

（二）秦汉时期孝道文化体系的构建

秦朝是中国封建社会第一个大一统的王朝。虽然秦国实力雄厚，但是在统治策略上实行严刑峻法，使农民生活苦不堪言，最终被农民起义推翻。秦朝在文化上不讲究仁义道德和孝义，推崇焚书坑儒，主张以法律代替道德，奖惩分明。但这并不说明秦王朝不重视孝道，孝与不孝的行为，更多的是看其是否符合法律的明文规定，而不是完全出于内心的道德标准，某种程度上说，秦朝统治阶级孝道文化思想的表现，主要依靠的是刑罚控制，而非思想教化。

汉朝是中国历史上一个强盛的王朝，分东汉和西汉，统治时期长达四百多年。西汉建立之初，统治者吸取前朝的经验教训，积极地倡导休养生息政策，孝治天下的治国方略就是在这一时期被提出来的。儒家文化，经董仲舒的推崇，获得了正统地位。在漫长的封建社会中，儒家文化一直影响着中国社会的方方面面，意义深远。在两汉时期，从黎民百姓到王公大臣，各阶层对孝道文化的崇尚愈加明显，孝道从开始的道德领域延伸至治国层面。除了基本的道德效仿外，统治阶级也制定了相关法律条文，其目的是为保证孝道的贯彻实施。此时，也出现了专门的孝道教材——《孝经》，是学子求学的必读书目。对于汉朝的人才选拔机制而言，最为主要的便是察举制，其中最主要的是察孝廉，即通过乡里推选，对贤德之士进行评判，声望突出的优推官职。两汉时期，政治上，弘扬孝文化，把其作为治国之重器；教育上，设有专门官职对通行教材《孝经》进行教授与学习；法律上，引孝作律。孝道文化的传播与熏陶，为当时社会孝道文化体系的构建奠定了基础，一定程度上对维护汉朝统治，缓和社会矛盾具有积极作用。但这种孝文化也有其负面影响，譬如，孝道极端化——愚孝的出现严重歪曲了孝道文化的合理内涵。因为孝文化与人才选拔制度结合密切，使得一些心术不正的人为了谋求官职，弄虚作假，打着孝道模范的幌子追求功利，扭曲了人性的淳朴。当时，民间有歌谣唱到"举秀才，不知书。察孝廉，父别居。寒素清白浊如泥，高第良将怯如鸡。"这便是两汉时期过度崇尚孝道文化，压制人性带来的危害。

(三) 唐宋时期"移孝作忠"思想的发展

唐宋时期，孝道思想的极端化趋势依旧十分明显，类似"割股疗亲"的现象在这一时期屡屡出现。

唐朝，历时二百八十九年，历史上著名的"贞观之治、开元盛世、永徽之治"便是唐王朝走向盛世的重要写照。此时，对于孝道文化的传承从物质生活方面提升到精神生活领域，根据唐朝相关法律规定，对于子女而言，凡侍奉父母没有尽其义务，调查属实，以不孝的罪名严惩，侮辱、谩骂父母者，以绞刑处罚，殴打父母者直接处斩。相反，若是孝道的典型榜样，朝廷

第五章　儒家孝道伦理思想

会根据一定的考量标准封官赐爵，给予奖赏。唐朝统治阶级继承前朝"孝治天下"的固有传统，在政治治理与日常生活中都极力推崇孝道的教化影响。比如，唐朝著名诗人张九龄在《国亲故》中提到："自家来佐国，移孝入为忠"。此外，孝道在养老、教育、法律、伦理、选拔制度等领域均有充分体现，这种文化的影响常通过音乐、文学、美术、建筑、书法等方面表现出来。当然，在中国漫长的封建社会中，孝文化的提倡不可避免地带有阶级性的特征，一定程度上是为巩固统治者的统治权力与地位而服务的。唐朝是个强盛的时代，很多周邻的国家都来朝觐，因此唐朝的孝文化对后来的日本、韩国、东南亚以及西域的部分国家都有很大的影响。这既是本国孝文化意识发展的重要历史考证，也是中国古代儒家文化走向世界的重要证明，在一定程度上对传播中华文明起到了很大的推动作用。

宋朝分南宋与北宋。在这一特定的历史时期，统治者采用三教合流的形式对孝道文化进行了融合，帝王充分认识到推行孝道文化的重要性。在民间，孝道文化大众化趋势明显，普通百姓家中都开始制定家规、家训，并以其来教育子侄。孩童上学除了学习必读的《孝经》外，还学习民间广为流传的孝歌、孝诗和民谚等，加之程朱理学极力地渲染，孝道文化发展到了空前绝后的地步。但此时的孝道文化披着封建思想的袈裟，给人们的精神生活套上了厚重的枷锁，如愚孝行为等畸形孝道思想时有出现。严格来说，家与国是中国人眼中比较确定的社会集合体，家虽小，但也是一个集体，人人都有父母，也都有其他家庭成员。宋代和中国历史上绝大多数朝代相同，父权为尊的地位不可撼动，国与家是同构的，国再大，都是由无数个小家庭组建而成的，家再小，也属国的一部分，不存在没有国的家，也不存在没有家的国，家国是一体的。"万山磅礴，必有主峰；船重千钧，掌舵一人。"一家之中，忠于父亲，一国之中，忠于君王。移孝作忠思想在宋代表现明显，这一思想也真正体现了家、国、天下三者的统一。《孝经·广扬名章》中记载："君子之事亲孝，故忠可移于君。"意思是人们对待自己的国家要把孝敬父母、尊敬父母的心志拿出来,这是在宋代提倡的大孝大爱的行为。

(四) 明清时期"二十四孝"旌孝风尚的繁荣

明朝时期,明太祖朱元璋倡导以《孝经》为法,认为违背者理应受到惩罚。在教育上,学习《四书五经》,讲孝道,重伦理。古代二十四孝子之一的朱寿昌生活于北宋时期,朱寿昌的生母刘氏早年被赶出朱家,从此母子分离;很多年没有任何音讯,而朱寿昌一直思念自己的母亲,长大后,朱寿昌每到不同地方任职,都到处打听母亲的消息。宋神宗即位时,朱寿昌寻母亲心切,便辞去官位到处寻找老母,与家人离别之前有言,倘若自己找不到高龄老母,今生今世永不回家。皇天不负有心人,最终,他历经艰难困苦寻找到了自己的母亲。朱寿昌弃官寻母的故事广为流传,后被收录于《宋史》与《二十四孝》中。此外,黄庭坚孝行故事被收录为《二十四孝》故事的最后一则。历史上,人们对黄庭坚的评价,更多的是著名的书法家与诗人,其孝子的形象或许熟知较少,黄庭坚身居朝廷要职,侍奉母亲却竭尽身心,丝毫不敢怠慢。家中仆人、婢女本可以侍奉黄母,但黄庭坚无论怎么繁忙,也都亲自照顾母亲。这一具体的行孝方式,可鉴其诚恳的孝子之心,后来以"涤亲溺器"的孝子形象流传后世。

清朝,在孝道文化方面,主要是民间读物以及民谣在社会大众间流传盛行,如许廷珍的《鸟夜啼思亲曲》、王家楫的《镂心曲劝孝歌》等,以丰富多彩的说唱形式表达出人们对于孝道文化的遵从,孝道观念已深入寻常百姓家,某种程度上显示出孝道文化内涵的丰富。但不可忽视的是,在清末之际,受西方自由主义思潮的影响,传统的孝道文化在一定程度上受到严重冲击。辛亥革命时,儒家孝道文化受到严重的批判,《孝经》被唾弃的一文不值,这种极端的行为,使得一直占统治地位的儒家文化受到严峻挑战。

总体来说,明清时期,孝道文化氛围浓厚,旌孝风尚在全社会中得到认可。但随着清朝后期,国力衰弱,西方文化的入侵,孝道文化从繁荣走向衰败。

三、儒家孝道的主要内容

儒家孝道的内容涉及家庭、家族、社会、国家多个层面,既有精华的、需要继续传承和弘扬的部分,也有糟粕的、需要摒弃的部分,还有精华和糟粕并生、需要我们根据时代要求进行转化的部分。理清这些内容,才能更好地对儒家孝道进行转化、传承和弘扬。

(一)养亲敬亲

物质赡养是子女对父母应尽的最基本义务。儒家提倡首先要保障父母的物质需求,为父母提供基本的物质生存资料;其次才是更进一步的要求,如有更珍贵、稀有的食物,要先留给家中的长辈等。在传统社会中,长者一般有着丰富的生存经验和能力,在家族或部落中有着较高的地位和权威,受人敬重,也拥有一定优先权。这也体现了一种普遍的道德精神,即将优先权更多地给予时日有限、消费有限的长者。儒家孝道不仅重视赡养父母,还要敬爱父母。"敬"以"爱"为基础,"爱"是基于血缘亲情的爱,是发自内心的人性之爱,但又有所超越,即富有社会性的爱,这是一种基于亲子关系建立之初便因互动依恋而产生的情感。最高层次的"孝"是子女能坚持用愉悦的态度对待父母。在社会教育的影响下,子女的角色意识逐渐增强,能在平等互动的亲爱之中逐步增强对长辈的尊敬意识。在现代社会,赡养父母、敬爱父母仍然符合社会价值观念与需求,作为一种责任义务和传统美德,我们依然要对其加以传承和弘扬。但尽孝方式要多样化,如不在父母身旁时,要多联系父母、关心父母,理解并舒缓他们"儿行千里母担忧"的心理。

(二)忠孝一体

在中国传统社会中,家庭观念与社会、政治有着密切的关系。古代社会的"家"并非现代意义上的"家庭",而是一种社会组织单位。西周时期,天子将封地分给皇室和立功之臣,各诸侯在其封地上建立诸侯国,其长子具有世袭统治权,其他后代也能受封获得封地内的某块土地。受封的人与地构成一个组织单位,即为"家",而位于各诸侯国之上的为"天下",这就是古代社会"家国一体"的政治结构。天子与其受封之子既是亲子又是君臣的关系,为了维护统治,天子对其子有绝对的权威,要求其子绝对地顺从和听命于自己,其子以孝敬和顺从来表达自己对父亲的忠心,忠孝一体、移孝作忠的观念逐步形成。因此,在古代封建社会中,孝敬君主就要像孝敬父母一样,忠孝是紧密联系的。而在现代社会中,统治者通过完备的法律来治理国家,孝道不再是统治者治理国家的工具,其政治功能逐渐消失,但这种"家国情怀""忠孝思想"却深入人心,逐渐成为维护国家稳定和民族团结的精神支柱。我国现如今是一个社会主义国家,人民是国家的主人,所以"忠孝思想"也要随着社会结构的变化而发展进步,"忠孝思想"的核心不应再是忠君,而是忠于国家和人民,孝敬父母和老人。

(三) 丧亲祭亲

"善事父母"包括"事生"与"事死"两个方面。儒家不仅重视奉养和敬爱父母,也非常重视丧葬和祭祀父母,"事死"是"事生"的延续,其表达了子孙后代对已逝长辈的敬重和思念。"善终"是一个正当而负责任的要求,在到达生命的终点时,每个人都希望能有一个好的结局和长眠场所,希望自己的一生能得到子女乃至社会的良好评价,也希望得到后人的挂念并且留下正面的影响。这一切需要一套仪式设计和制度安排,也是人类文明的体现之一。但这并不是主张铺张浪费的厚葬和烦琐复杂的仪式,有的人在父母生前不尽心尽力赡养,让父母孤苦无依,吃不饱穿不暖,却在父母去世后花费大量的金钱给父母举办"风光"葬礼,甚至有的人为了面子,没钱也要借钱给父母办一个风风光光的葬礼,这在无形之中形成"厚葬薄养"的不良风气,与孝道的本质背道而驰。在物质越来越丰富的现代社会,与其为了维护自己的面子而给父母举办风光葬礼,不如在父母生前好好赡养他们,让父母安享晚年,这才是最大的体面。那种流于形式的复杂仪式和铺张浪费的厚葬只会助长奢靡攀比之风,忽视赡养父母的本质。因此,孝道更应是尽心尽力地赡养，而非流于形式的"面子工程"。

第二节　儒家传统孝道伦理的价值分析

一、儒家传统孝道伦理的积极作用

儒家孝道伦理精华与糟粕并存。对于传统儒家孝道伦理，全面继承则会走向复古主义，全面否定则会导致历史虚无主义，这两种价值取向都是不可取的。传承儒家孝道伦理的正确态度是以唯物史观为指导，取其精华，去其糟粕，批判继承，古为今用，综合创新地去继承传统孝道，要正确认识传统孝道伦理的当代价值。

（一）提高国民道德修养

弘扬孝道有助于提升个人的道德素质修养。"孝"是个体形成良好道德修养的基础，人的道德情感源于个体对父母的"亲亲"之爱，个体的社会责任感和道德感是其对父母爱与责任的不断扩充和升华。《孝经》中说："不爱其亲而爱他人者，谓之悖德；不敬其亲而敬他人者，谓之悖礼。"意思是，一个人不爱父母、不尊敬父母却能爱他人、尊敬他人，这种行为违背了道德礼节。换句话说，不爱父母、不尊重父母的人是不会真心爱人民、爱社会、爱国家的。中国传统文化注重成人之道，注重如何教育子女成为一个有责任担当的人。成人之道的核心在于从小培养子女"五伦莫先于亲、百行皆源于孝"的道德伦理意识，教育子女要明五伦、走正道、拒邪僻。中国传统文化也主张在人群中做人，首先要在家庭中做人，在爱父母和尊重父母的基础上培养子女的爱心善德。在古代，无论是农民、读书人还是商人，都很注重教子做人与成人，他们把孝悌作为立身之基，这不仅是中国人民价值观的重要体现，也是先辈对子孙后代的期许。在道德失范现象久治不绝的时代，倡导以孝立身是启迪善端、扩充善性的最佳途径。

(二) 推动和谐家庭建设

孝道促进家庭关系良性互动。在血缘与姻缘的基础上，家庭关系主要包括夫妻、亲子和兄弟姐妹关系，其中任何一种关系的失调，都会影响整个家庭的和谐与稳定。首先，在亲子关系中，父母慈爱、子女孝顺，彼此关爱、尊重、理解的关系才是健康的亲子关系。其次，在夫妻关系中，无论是顺境还是逆境，双方相互关爱、扶持、尊重，才能形成一个充满爱与和谐的家庭氛围和一种良好的夫妻关系。最后，在兄弟姐妹关系中，彼此应团结友爱、相互谦让、互帮互助，子女之间和谐相处、不让父母担心就是对父母的孝。婆媳关系是家庭中较为特殊的关系，它既没有血缘基础也没有姻缘关系，因而缺乏亲子关系的稳定性和姻缘关系的紧密性。自古以来，婆媳关系就是最难处理也是最为重要的关系，因为婆媳能否和谐相处关系到整个家庭的和谐与否。孝道作为家庭伦理准则，是规范婆媳行为的重要标准，无论是婆婆还是儿媳，都要相互尊重，在生活中主动关心彼此，真心相待，二者的关系才会和谐，家庭才会和睦兴旺。无论是哪种家庭关系，平等尊重、相互关爱是人与人相处的基本原则，人和才能家和，家和才能万事兴。

孝道助推家训家教家风建设。家风是一家一族在代代繁衍中形成的稳定的生活方式、生活作风、传统习惯、道德规范。习近平总书记强调，"家风好，就能家道兴盛、和顺美满；家风差，难免殃及子孙，贻害社会"。良好的家教是形成优良家风的基础，家训是良好家教与家风的重要载体。古今的名人志士都非常重视"孝"，并将"孝"作为家道兴旺的重要保障。在传统社会，孝道教化是家训的首要内容，其能促进家族的和谐安定与兴旺发展。家训中有着丰富的孝道思想，包括"竭力奉养父母""尊敬父母""父慈子孝""委婉劝谏父母""薄以葬亲，诚以祭亲""移孝忠君，报效国家"等。传统的孝道教化手段主要有蒙学、家训、身教。蒙学是对儿童进行早期家庭孝道教育的场所，蒙学读物通俗易懂，如《三字经》能够提高幼儿的接受能力；家训是长辈为后代撰写的文献资料，也就是常说的"言传"；身教是长辈通过修养自身德行对后代进行示范，且身教是最基本也是最首要的教育方法。当代的许多父母也非常重视家庭教育，但其重点关注的是子女的智力开发、才艺与技能的培养，很少重视子女的道德引导和人格培养，所以经常出现子女顶撞、不尊重、不体谅父母的问题。父母从小要对子女进行家庭孝道教育，使其懂得尊重和孝敬父母、友爱兄弟，这有利于建立和谐友爱的亲子关系，形成尊老敬老的良好家风，提高家庭的凝聚力。

（三）促进社会和谐稳定

弘扬孝道有利于形成尊老爱老敬老的社会风尚。礼教衰则风俗坏，风俗坏则人心邪。国家重视孝道，社会就会形成尊老、敬老、爱老的风气，进而人们也会发自内心地孝敬和尊重老人。《孝经·天子》曰："爱亲者，不敢恶于人；敬亲者，不敢慢于人。"即爱自己父母的人也会爱他人；尊敬自己父母的人也会尊敬他人。又曰："教以孝，所以敬天下为人父者也。教以悌，所以敬天下之为人兄者也。"即尊重父母的人会像尊重自己父母一样尊重他人，友爱兄弟的人也会像友爱自己兄弟一样去友爱他人。对父母的"亲亲"之爱，能够推己及人，通过爱父母，爱兄弟，进而尊重友爱所有人，即"老吾老以及人之老，幼吾幼以及人之幼"，将"孝"的家庭伦理延伸至社会道德，彰显我国尊老爱幼的传统美德和人道主义精神。如今的社会更需要倡导弘扬这种由近及远、由己及人的"大爱"精神，在整个社会形成一种尊老敬老爱老助老的良好风尚，社会也会自然而然得更加和谐与稳定。

此外，弘扬孝道有利于缓解我国人口老龄化的社会问题。随着时代的进步，我国的家庭结构、代际关系、就业方式、生活习惯、产业结构、收入状况等各方面都发生了巨大的变化，尤其是受计划生育政策与个人价值观等因素的影响，中国在很长一段时间内都将面临着重大机遇和严峻挑战，而人口老龄化是一个世界性的难题，需要确立"基本国策"予以应对。传统孝道伦理曾是解决社会养老问题的重要法宝，如今其生存基础和社会环境发生了深刻变化，工业化与科技化提高了人们的生活水平，强化了人们的社会生存技能，尤其是家庭的核心化简化了代际关系，给孝道的传承与创新带来了机遇。在贯彻实施"积极应对人口老龄化"国策的过程中，建立新孝道观念，使之与应对老龄化的基本国策良性互动、协调发展，共同解决我国现实养老的重大难题。

（四）塑造优秀中华文化

弘扬孝道能够增强中华民族的文化自信。新时代，我国经济建设取得的巨大成就，极大地增强了中华儿女的自信心与自豪感，同时我国传统文化也迎来了复苏的良好态势。民族复兴的伟大梦想，不仅要求经济、军事更加强盛，还有民族文化的繁荣兴盛和民族精神的传承弘扬。在这样的历史背景下，独具中国特色的孝道文化受到了社会各界的重视。各种诵读孝道经典著作活动的兴起，各类企业学习传统文化的热潮，百所孔子学堂以及书院的兴办，各类传统文化网站的增多，"孝"相关传统节日的法定化等，这些现实无不反映了几十年来中国经济的迅猛发展，以及随之而来的国民那种建设中国特色社会主义的道路自信、理论自信、制度自信和文化自信。

弘扬孝道能够提升中华民族的家国情怀。"忠孝思想"和"家国情怀"是中国人最朴素的情感。"忠孝思想"是"家国情怀"的重要源泉，它凭借着强劲的生命力在历史的大浪淘沙中接续发展。"家国情怀"是中华民族的重要伦理观念，是每个中华儿女的重要精神支柱，是维护祖国统一与民族团结的精神纽带。新时代，传承"忠孝思想"就是要树立"忠于国家、忠于人民，孝敬父母、孝敬老人"思想观念，传承优秀的道德伦理观念，促进个人健康成长。"家国情怀"在其悠久的发展历程中，早已内化为中国特有的文化心理之一，潜移默化地影响着每个中国人的思想与行为。"家国情怀"理念下的爱国主义，以"家国一体"的整体结构为定位，把个人、家庭、国家三者统一起来，强调爱国爱民、尽忠为国的价值理念，强调个人要崇德修身、秉公无私、以公克私。随着时代的进步，"家国情怀"的内容也在不断

第五章　儒家孝道伦理思想

延伸扩展，一直发挥着激励人心、凝聚精神的独特作用。

二、儒家孝道伦理的局限性

封建社会的儒家孝道伦理在不断被赋予政治性的功用价值的同时，也带来了一些弊端和局限性。具体表现在以下几个方面。

（一）不平等性

儒家孝道理论中君与臣、父与子的关系以及礼制中的等级观念无不体现着人与人之间的不平等，连"爱"也有等级之分。这种不平等关系主要表现为下对上、卑对尊的单向性服从，即使有尊老爱幼的思想，但永远是长者在上，幼者在下。无论是在家庭、社会还是政治上，都存在着这种扼杀平等的规矩和信念。在家庭层面，父母要求子女对自己绝对服从，剥夺了子女独立的人格，阻碍了子女个性的发展和创造性的发挥。例如，传统社会的"包办婚姻"，两位当事人并不是自愿结为夫妻，而是父母违背婚姻自由的原则，强行包办子女婚姻的行为。通常以门当户对为基础，经媒人介绍、由父母包办，缔结家族姻缘，婚姻的当事人之间往往没有什么感情，只是尽一种客观的家庭义务。在社会层面，崇老思想的实质导向了老人本位主义，使社会的中心偏向于过去，而不是倾向于未来，这在一定程度上阻碍了社会的进步和发展。

（二）封建政治性

"忠孝"是儒家思想的核心。曾子将"孝"作为忠君的政治原则并付诸理论，将"事君"的政治行为纳入孝的范围，使"事君"逐渐取代"事亲"成为孝道的核心内容。孟子也将家庭领域的"孝悌"与政治伦理关系中的"仁义"联系起来，使"孝悌"成为仁政的基础与保证。《孝经》是儒家学者探讨孝道伦理的经典著作，此书的成熟定型使孝道从理论上完成了道德伦理向政治伦理的转变。汉代的"独尊儒术"推动孝道政治化从理论走向实践。明清时期把孝行孝德作为选拔人才以及官员升迁的重要标准，对不孝、缺孝行为有着明确的法律规定和处罚,如"不忠不孝,宜除名削爵"。从本质上来说,儒家孝道思想是为封建君主专制统治服务,并成为中国历代封建王朝的主流意识形态。而现在是自由、民主、和谐、平等的社会主义社会,这些封建政治性的孝道内容应该去除。

（三）异化的孝道观念

孟子以及曾子对"孝"的极力重视和提倡,把家庭领域的"孝"泛化到社会、政治、道德、教育领域,甚至是动植物界,把"孝"当作四海皆准的普遍真理,如"众之本教曰孝""孝"是德治、王道之基,因而"孝"也必然为教化的根本。对君主不忠诚、为官不恭敬、对朋友不诚信是不孝的,不在合适的时间内砍伐树木和猎杀动物是不孝的；所有的行为举止都可以被视为"孝"或"不孝",使"孝"超出了家庭伦理范围,存在于天地之间。此外,对孝道的极其重视也使孝道在实践层面发生异变,如《二十四孝》中的"愚孝"行为,郭巨埋掉自己的儿子以节省粮食奉养母亲,庚黔娄通过尝父亲的粪便来了解父亲的病情,王祥冬天裸身躺于冰面以融冰求鲤孝敬父母,这些故事的主角为了孝顺父母不顾及自己的生命安全,甚至是做出违反人性的行为,缺乏一定的科学性和道德性。他们孝敬父母、侍奉父母的出发点是值得我们学习的,但非理性的尽孝行为不值得提倡。

第三节 儒家传统孝道伦理的当代转化

一、儒家孝道伦理的当代困境及原因分析

（一）传统孝道伦理的现代困境表现

随着社会主义市场经济的发展和"老龄化"社会的不断深入,传统孝道伦理也遭遇了种种困境。具体表现在以下三个方面。

1. 远游他乡与"空巢老人",欲孝而不能

传统孝道伦理要求子女"父母在,不远游",而今天,随着我国工业化、城市化进程的加快,子女离开父母身边去外地工作已经越来越普遍,我国的"空巢老人"越来越多。由于儿女多在外地,再加上工作的紧张和忙碌,导致他们无暇顾及父母,因而媒体上时常出现一些"老人孤死家中多日无人知"的事件。实际上,儿女也不是没有孝心,只是距离的原因导致他们无法对父母尽孝,即便有心孝顺,也没有那个条件去实现,最终导致欲孝而不能的现实困境出现。

2. 孝道缺失,不愿承担责任和义务

随着市场经济的发展,注重效率、讲求实利的理念开始渗透人心。在家庭领域表现为,人们的传统孝道思想逐渐淡化甚至缺失,具体表现为,不赡养老人、虐待甚至遗弃老人的现象频频发生,且呈逐年上升的趋势。子女对老人的不孝之举有以下几种:一是拒付赡养费。主要是老人与子女、儿媳间存在种种长期无法解决的矛盾,致使子女对老人产生怨气,拒绝承担赡养费。二是虐待老人。有些老人因身体原因,丧失自理能力,一切衣食住行全靠子女来照顾,久而久之,子女把老人当成了负担,在生活上虐待老人。三是子女间相互推诿。有的子女嫌弃老人,宁愿拿赡养费也不愿接纳、侍奉老人,推来推去,导致老人最终无人接收。四是侵犯老人合法权益。例如,子女干涉老人再婚、强行霸占父母财产和住房等。

3. 经济困难——孝养无力

中国传统观念认为,养儿防老,但在现实社会中,出现了一种现象,不是养儿防老,而是养儿啃老,甚至逼老。一些年轻人在大学毕业之后,由于眼高手低,对一些工作瞧不上眼,导致高不成低不就,最终"失业"在家,由于没有经济上的来源,又要与同龄人比吃穿,于是就伸手向父母要,而父母由于从小便溺爱孩子,对子女的要求总是无条件地满足,最终导致"啃老族"的出现。有些子女由于没钱,父母又不肯给钱,就打骂父母,逼父母出

去挣钱养活自己,导致"逼老"现象的发生。

(二)传统孝道伦理陷入困境的原因

1. 市场经济的影响

社会主义市场经济的发展,为社会的发展和精神文明的构建提供了雄厚的物质基础的同时,也带来了一些负面影响。具体表现为人们的价值观逐渐发生改变,受经济利益的驱使,一些人趋利倾向比较明显,一切向钱看似乎成了衡量事物的唯一标尺,并用金钱关系和标准来衡量家庭伦理关系,导致家庭成员之间的关系发生变化,亲情疏远,看重利益,传统的孝道文化被淡化。

2. 现代社会多种价值观并存,孝道观念弱化

中国古代传统孝道伦理观非常注重血缘亲情和家庭伦理,注重尊卑贵贱、长幼有序,认为家长是家庭结构中的核心。随着市场经济转型的不断深入,多种价值思潮涌入我国,西方的个人主义、拜金主义逐渐渗入我国传统文化中,使金钱、权势地位成为衡量一个人是否有价值的标准,这对我国传统的孝道观念、亲情观念是一种无情的冲击。在现代社会的青年一代身上,我们看到其价值观、行为方式出现了新变化,即孝道观念弱化,对孝认知混淆、不及时行孝,开始注重对自身条件的改善,偏向于社会人际关系,而忽视家庭情感培养,对长辈高要求对自己低标准等,传统孝道伦理观的社会功能已岌岌可危。

3. 现代家庭结构的变化

随着市场经济的发展,社会环境也相应发生了变化,以亲情、血缘关系为基础的传统家庭结构走向崩溃,被小型的、以夫妻为中心的家庭结构取而代之,成为当今最普遍的家庭模式,传统孝道伦理观在家庭中的影响力也不断地削弱。由于两代人在家庭中的地位与角色发生了变化,长辈不再是权威的象征,并趋边缘化发展,年轻一代表现得更独立自主、更追求生活品质,更愿意尝试新鲜事物,而这样的生活取向与老一代的循规蹈矩、守旧等传统

价值观产生了鲜明的对比,导致了代际间的摩擦不断加深,使年轻人认为父母在各方面都已经跟不上时代的步伐,已不能在家庭和社会中做出积极的作用。

4. 孝道教育的缺失

在传统社会,统治者非常重视孝道伦理,并将孝道伦理观作为一种规范、道德体系去宣扬,通过各种途径广泛传播,因而孝的观念也顺理成章地被人们所接受,并且深入人心。但改革开放以来,随着拜金主义、实用主义的盛行,传统孝道伦理受到挑战,甚至在部分年轻人的思想观念里逐渐淡化。

当今社会的孝道教育缺乏系统性,只注重机械式的理念灌输,缺乏以孝道伦理为主题的教育活动的开展,使得弘扬孝道伦理成了一种口号、一种形式,不能在社会中发挥其应有的教育功效,最终导致孝道教育的缺失。

二、儒家孝道伦理当代转化的必要性

(一) 实现中华民族伟大复兴的客观需求

习近平总书记指出:"一个民族的复兴需要强大的物质力量,也需要强大的精神力量。"中华民族有着五千多年的文明发展史,虽然近代中国的发展进步经历了无数的困苦磨难,但是最终都挺过来了、走过来了。其中一个最重要的原因就是无数代的中华儿女培育和发展了独一无二的、博大精深的中华文化,为中华民族攻坚克难、生生不息提供了强大的精神支撑。历史证明,中华文化使中华民族保持了坚定的民族自信心和强大的自我修复能力,培育了共同的情感和理想追求,即"忠孝思想"和"家国情怀"。"忠孝思想"是"家国情怀"的重要来源和突出体现,它作为传统伦理观念在中国有着悠久的发展历史,是中华民族基本的伦理道德观念,也是维系民族和国家的精神纽带。在新时代新征程中,弘扬"忠孝思想""家国情怀",就是要树立爱党、爱国、爱人民的爱国主义情怀,营造良好社会风气,培养公民强烈的民族自豪感、民族自信心、爱国责任感，激励人心、凝聚共识，为民族复兴提供强大的精神动力和精神支持。

（二）传承中华优秀传统文化的内在需求

在纪念孔子诞辰2565周年国际学术研讨会上，习近平总书记发表了重要讲话，他强调，"包括儒家思想在内的中华优秀传统文化中，蕴藏着解决当代人类面临的难题的重要启示"。放眼当今世界，人类文明无论是在物质层面还是精神层面都取得了前所未有的进步，尤其是物质世界的极大丰富是古代社会所不能想象的。然而，当今人类也面临着诸多难题。为解决这些问题，既需要运用人类今天发现和发展的智慧和力量，也需要借鉴人类历史上积累的古老的智慧和力量。中华优秀传统文化，是我国建设和发展特色社会主义的强大精神动力，是中华民族屹立于世界民族之林的重要思想根基。儒家思想作为中华传统文化的重要组成部分，与我国其他思想文化共同记载了中华民族在建设和发展家园的实践活动中形成的丰富的哲学思想、人文精神、教化思想、道德理念等，为我们认识和改造世界，进行治国理政、思想道德建设等提供了有益的借鉴。比如，孝道作为中华传统美德，能调节人与人、人与社会之间的关系，它强调敬爱父母、友爱兄弟、亲仁善邻等。传统文化中的这些积极合理内容，需要我们结合时代发展加以继承和弘扬，并赋予其新的内涵。

（三）加强公民思想道德建设的现实需要

国家的繁荣昌盛、民族的文明进步，很大程度上取决于这个国家的社会思想道德水平。推动社会文明程度不断提高，达到新高度，既是全面建设社会主义现代化国家的重要目标，也是建设社会主义文化强国的重要内容。在新时代新征程中，党把提高全社会文明程度作为一项重大任务，抓好社会主义精神文明建设，努力推动形成适应现代化发展需要的思想观念、精神风貌、文明风尚、行为规范，为全国各族人民不断前进提供坚强的思想保证、强大的精神力量、丰富的道德滋养。加强道德建设是提高全社会文明程度的一个重要方面。道德是社会文明进步、团结和谐的基石。要重视孝道作为中华优秀传统文化中的道德教化资源的作用，引导人们明辨是非与善恶、公义与私利，增强人们的道德判断能力和道德责任感，使其自觉讲道德、遵道德、守道德。同时，构建个人、家庭、社会、政府相结合的思想道德教育体系，全方位、多层次地加强和改进公民思想道德建设，尤其是未成年人的思想道德建设，推动我国社会文明程度得到新的提高。

三、儒家孝道伦理当代转化的原则

新时代，儒家孝道的核心内容依然是"养亲""敬亲"，只是，现代社会的儒家孝道更加注重平等性、互益性、情感性和自律性。

（一）注重平等性

"孝道"是父母与子女的相处之道，其本质是一种人际关系。人际关系有着相互性、交换性、平等性、真诚、自我价值保护和情景控制的原则。现代社会，人格独立平等、相互尊重的观念早已被大众认可并成为社会共识。子女也是人，不是父母获取自身晚年利益的工具，若是不晓得尊重子女的人格，只是一味地要求子女报答父母的养育之恩，可能会逐渐消磨掉子女对父母真挚的感激之情，久而久之会给双方带来生活上的痛苦和精神上的压力，甚至影响双方身体健康和孩子事业的发展。孝敬父母是人与生俱来的情感，父母也是世界上为数不多的甘愿为子女奉献自己全部的亲人，所以父母能有一个幸福安乐的晚年是子女们最诚挚的心愿，也是社会上每个人的心愿。作为父母，即使不能赚钱或将来不能给儿女留下财产，也要努力成为一个善良可亲、胸怀宽广、有素质修养的老人，这样可以使自己获得家庭和社会的尊重，即使是在百年之后，也能给子孙后代树立学习的榜样。作为子女，要树立正确的价值观念，在与父母相处时多一点耐心、多一点关爱，帮助父母适应新的生活阶段，努力协调好父母与自己小家庭成员的关系。父母与子女用智慧和真诚对待彼此，各自在人格上保持独立、相互尊重，在生活上相互关心、相互扶持，孝道才有存在的价值。

（二）注重互益性

人格不平等会导致履行义务方面的不平等。传统孝道有着严重的"重孝轻慈"倾向。从人际互动的角度来看，传统孝道强调小辈对长辈的单项责任关系，这种单向性的责任关系虽然适用于传统社会，但是在现代社会却难以奏效。如果父母只强调子女的敬养和服从而不对子女施"慈"，那么很难培养出互爱互敬的感情。子女对父母的"孝"加之父母对子女的"慈"，亲子之间形成良性互动才更容易产生深厚的感情，子女才会发自内心地孝敬父母。对于父母来讲，一是父母有为孩子创造良好生活条件的义务。父母有生育子女的权利，而未成年子女有权利要求父母给予其良好的生活条件。二是父母有为孩子提供良好家庭教育环境的义务。父母要为子女营造一个民主、宽松、和谐的家庭氛围，并且父母还有完善自我、做孩子良好榜样的义务。此外，父母还有尽力减轻子女物质赡养负担的义务。鉴于当前"421"的家庭结构，独生子女赡养负担过重，所以父母应该保持身体健康，积极参与社会劳动，年轻时积极购买养老保险。三是父母有减轻子女精神赡养负担的义务。老年父母应自觉扩大人际交往圈，这样既能缓解自身孤寂的心境，还能减少子女的牵挂和担忧。对于子女来说，既要尽力满足父母物质上的需求，还要尽力给予父母精神慰藉，在精神上引导父母。子女自身也要自立自强，有所作为，让父母放心、宽慰。亲子之间相互尊重、相互关爱，孝道才能有效运作，双方也能共同受益。

（三）注重情感性

传统孝道虽然强调"爱"与"敬"并重，但在父权主义为中心的传统社会中，父母对子女管教甚严，小辈对长辈（尤其是父亲）往往是敬畏多于亲爱。并且，在家族主义的影响下，为了维护整个家族的利益以及维持家族内部关系的协调与稳定，父母会要求子女无条件服从，强调"长幼尊卑"和"尊宗敬祖"，并不重视亲情的培育。在父权主义和角色训练的双重作用下，亲子之间缺乏自然而深入地交流，因而以深切了解为基础的细腻情感也难以充分发展。在现代社会，家长权威日渐衰微，长辈对小辈的管教也日趋宽松，子女对父母的畏惧日趋减少，更容易产生相亲相爱的情感。同时，家庭结构的小型化与家庭功能的简化，使父母培育子女的重点也转变为如何适应集体主义取向的生活方式。受集体主义的影响，亲子之间以真实"面貌"相处，彼此之间的沟通交流也更加自然，亲情的培育也更加容易。总而言之，相比于传统社会的孝道，现代社会的孝道更加注重亲子之间的爱的情感。

（四）强调自律性

在中国古代农业社会中，孝道与其他道德规范一样都具有较强的他律性。封建社会的孝道是一套强制性规范，在子女社会化过程中，父母只重视对子女孝道行为与习惯的培养，忽视了子女对孝行背后所蕴含的意义与道理的理解。如此意义的孝道规范、标准以及孝道实践受制于外部因素而非行孝主体的主观意愿。行孝主体只是"尽"孝，而非"要"孝；只是盲目的"愚"孝，而非理性的"明"孝。这种意义的"孝"具有机械性和社会性，而非理解性和自我性。在现代社会，由于个体的独立与自主意识的增强，他律性的孝道不仅难以被现代青年所接受，也难以产生预期的效果，所以新时代提倡自律性的孝道。在自律性的孝道教育中，父母不应再用强制的方式教育子女，要求子女盲目服从和外表恭敬，而是要以身作则，用平等尊重的态度与温和的方式教育子女，使其真正明白和理解善待父母与他人的道理和意义。

四、儒家孝道伦理转化的现实路径思考

兴孝既需要唤起人们的良知和躬行，更需要社会各方面协同共治。传承儒家孝道过程中面临的孝文化认可度不高与孝行缺失的问题，需要社会、学校、家庭、个人共同努力解决。

（一）社会方面，要加强社会引领能力

1. 发挥各大媒体正面引导作用

（1）坚守传统媒体的宣传阵地

传统媒体是传承和发扬传统孝道的基础媒介。传统媒体是相对于网络媒体而言的，主要包括电视、报刊、广播，因其受众群体广泛，对大众的影响也较为深刻。儒家孝道的传承与弘扬必须坚守传统媒体这一重要宣传阵地。

我们可以利用电视这一传统媒体，大力推出以孝道为核心的公益类电视节目，如央视推出的《百家讲坛》之《中华孝道》系列讲座，其中一期主要讲解了中国经典孝道著作《孝经》，弘扬了孝道文化；《典籍里的中国》以"文化节目＋戏剧＋影视化"的方式讲述孔子推行"仁政德治"的故事以及开展品读《论语》的典读会，使我们更加深刻认识孔子的孝道思想；山东卫视的《天下父母》是一档以"亲情孝道"为宗旨的电视节目。该节目以"情深似海，义重如山"为定位，从热点事件中找寻亲情孝道，从热点人物中挖掘亲情孝道，从新闻角度解读亲情孝道，用"访谈＋微故事"的形式创作了众多感人的作品。节目播出后在社会上引起了强大反响，受到了群众的广泛好评，为促进家庭和睦与社会和谐做出了积极的贡献。此外，还应重视公益广告的传播影响力。儿时《为妈妈洗脚》的公益广告令人记忆犹新，只有几十秒的画面简单质朴却直冲心灵，这则广告的目的在于呼吁人们要早尽孝心，对弘扬孝道起到了一定的作用。总之，要充分发挥传统电视媒介的宣传作用，增加以孝道为主题的影视剧作的拍摄与录制，以此传承和弘扬孝道文化。

（2）发挥新兴媒体的宣传作用

新兴媒体是指以数字技术为支撑，通过计算机、无线网络、卫星等渠道以及手机、电脑、数字电视等终端，为用户提供信息和服务的传播形态。新兴媒体作为新时代较为流行的传播媒介，其对儒家孝道的传播与弘扬作用也要给予重视。

发挥互联网新闻媒体的宣传作用。在新闻素材选取方面，新闻记者要深入群众，不仅要寻找名人名士的孝亲模范事例，更要寻找普通老百姓孝老敬亲的真人真事。因为普通群众的孝老敬亲事迹更加贴近生活，更接地气，也更容易被人们接受和信服。

发挥户外新媒体的宣传引导作用。户外新媒体以液晶电视为载体，如火车、公交、地铁、航空电视、大型LED屏等。我们可以在列车电视节目体系中增设孝道主题板块或栏目，栏目内容及时长应与列车线路所经地区相结合。如途经孝乡故里时，播放这些地区的孝道历史文化以及孝子孝行故事等，以此提高人们对中华传统孝道文化的认知。

发挥手机媒体的宣传引导作用。利用手机媒体中的微信、微博、QQ、抖音等网络社交平台，对儒家孝道进行传播与弘扬。微信的每日活跃用户达10.9亿，并且覆盖全年龄段的用户群体。因此，要充分发挥微信作为一款国民App的传播孝道的作用。官方相关部门或社会公益组织可通过创建相关微信视频号和公众号，推送或转发与孝道相关的影视作品、经典书籍以及文献资料，必要时可进行孝道历史文化知识解读，使更多的人了解和关注孝道；还可以开发和运营宣传孝乡故里的微信小程序，进一步宣传中华孝文化名城——湖北孝感、孝道文化之乡——河南濮阳、中华孝文化发源地——山东青州、中国德孝城——四川孝泉等这些具有代表性的孝乡故里的孝道历史文化，使人们更加了解和认同我国的传统孝道文化。

（3）发挥特定节日的宣传作用

特定节日也是一种有效宣传孝道的方式。每个国家或地区都有属于自己的节日，这既是一种民族文化，也体现了不同民族的风俗习惯。节日所蕴含的特殊意义及其特定的表达形式提醒着人们在这个特别的日子里要遵循某种礼节、举行特定的活动。

在我国，春节、元宵节、清明节、中元节、端午节、中秋节、重阳节等节日基本与孝道有着密切的联系，这些节日主张合家团圆、孝敬老人的思想。除夕之夜，人们吃饺子、看春节晚会、熬夜守岁，同族亲友们相互庆贺；元宵节之际，人们通常要吃汤圆或者元宵，象征着家人团团圆圆、和和美美；清明节和中元节是我国重要的祭祀节日，人们通常在这一天祭奠已故亲人；中秋节，通常一家人坐在一起吃月饼、赏月亮，在无法与家人团聚时，抬头遥望天上的圆月，以寄托对家人和故乡的思念之情；九九重阳节，"九"有着长寿长久的意思，表达了人们对老人健康长寿的祝福，登高赏秋和感恩敬老是当今重阳节的两大重要主题活动。这些节日定期提醒着人们保持敦亲睦族、及时行孝的传统。此外，随着西方感恩节、母亲节、父亲节的传入，这些节日也逐渐被我国青年群体所接受，成为年轻人向父母表达爱意和尊敬的节日。总之，无论是中国的传统节日，还是西方传入的节日，只有将孝道与人们的心理和情感结合起来，通过节日引起人们的情感共鸣，增强其对孝道文化的认同，才能更好地传承和践行孝道。

2. 加强法律对孝道的支持力度

（1）发挥村规民约的约束作用

村规民约是结合本村实际情况，按照村民集体意愿，通过民主程序而制定的规章制度，是村民自治的重要依据，也是国家基层社会治理的重要手段。在一些落后偏远的山区或农村，村民可能不懂国家法律，但是他们一定知道"村规""乡规"，他们不仅用这些条规约束自己的行为，还用其来评判其他村民的行为。只要村规民约的制定符合法定程序且内容合法，那么就具有法律效力；如果其内容与国家法律冲突，则不具有法律效力，且不能用来规范约束村民。村规民约包括家庭美德、社会公德，如邻里团结友爱、互帮互助、和睦相处，尊老爱幼、孝老爱亲、赡养老人，婚姻自由、一夫一妻、男女平等等内容。村规民约是村民的共识，村干部和村民应该有所作为，对于那些不赡养父母、虐待父母的人，村民要发挥道德谴责的作用，阻止不孝行为肆意蔓延；村干部要及时制止不孝者的行为并对其进行批评教育，提高村民赡养老人、尊敬老人的意识。此外，村干部要发挥领导带头作用，遵守本村的村规民约，做到赡养父母、孝敬老人，做村民学习的好榜样。

（2）将"孝"引入国家荣誉制度体系

国家荣誉授予是以国家的名义给予为国家和社会发展做出杰出贡献者的一种认可和肯定评价，是国家用政治最高权威进行的表彰活动。在形式上授予国家的勋章和荣誉称号，在内容和实质上树立先进典型，引领社会风尚，弘扬和培育民族精神，增强民族凝聚力，具有鲜明的价值导向和引领作用。近几年，五类道德模范的评选活动取得了较好的社会反响，因此将"孝老爱亲模范"上升到"国家荣誉"层面意义重大。"孝老爱亲模范"强调模范应具有家庭美德，孝敬父母，长期悉心照顾体弱、患病、失能老人，使老人能安享晚年；爱护子女，夫妻和美，同辈之间互爱互助，家庭生活幸福美满；在家人亲属遭遇困难时，能够同甘共苦、不离不弃、团结互助、患难与共等。"孝老爱亲模范"评选表彰基于家庭亲情又引领社会风气，把它纳入"国家荣誉"制度体系，是中华民族传统美德与时代先进人物要求的有机结合，既能传承中华民族优秀传统，又赋予传统文化时代内涵。将"孝老爱亲"上升到国家层面，既能提高人们对孝老爱亲的重视程度，又能提升其道德荣誉感和家庭责任感。

（二）学校方面，要落实学校德育工作

1. 充实孝道课堂理论教育内容

（1）加强学生道德观念教育

"孝"是发自内心的优良道德品质，但它也受后天道德教育的影响。因此，要在道德教育中始终贯彻孝道理念，增强学生的孝道认知与孝道意识。首先，要在德育中融入感恩教育。感恩教育可以使学生们感知父母养育子女而不求回报的无私奉献之情，进而能使他们从内心上感激父母、关爱父母、回报父母。可以通过给父母写感恩信、亲手为父母制作小礼物、帮父母做力所能及的事情等提升学生的感恩意识。其次，要在德育中融入尊敬教育。"一日为师，终身为父"，老师和父母一样，都是学生成长成才的重要引路人。可以让学生通过教师节、父亲节、母亲节等重要节日表达其对老师和父母的感谢，培养学生尊敬父母、尊敬师长的良好行为习惯。最后，要在德育中融入责任教育。社会是由人组成的，人是一切社会关系的总和。人不是独立存在于社会中，他既要承担个人的未来发展，还要承担家庭的责任，更要担当实现民族复兴的大任。个人与家庭、社会、国家紧密联系，所以在生活上要与人和善、遵纪守法，在学习与工作上要勤奋努力、积极上进，在追求上要将个人理想融入党和国家事业。

(2) 加强学生常规礼仪教育

中国有"礼仪之邦"之美称。礼仪体现了一个人的道德修养、文化水平、人际交往能力，体现了一个国家的文明程度、道德风尚、风俗习惯。我国古代的礼仪文化非常之多，涉及生活的方方面面。现代社会，人们的交往复杂频繁，而传统礼仪文化中依然有值得我们借鉴和学习的地方，如为人处世要懂得心存敬畏、举止有度、待人随和、宽人严己、适度忍让；与人交谈要用语得体、掌握分寸，不能恶意或故意用言语中伤他人。无论何时何地，对常规礼仪的自由把握都是很重要的，是孝道教育的必修课。在现实生活中，道德自律更能体现一个人乃至整个民族的良好道德修养以及社会文明素养。

2. 开展孝道课外主题实践活动

(1) 开展研究与弘扬孝文化的学术活动

召开以"传承和弘扬中华孝道文化"为主题的学术研讨会、学术论坛，旨在弘扬中华孝道文化，促进孝道的学术研究与交流，提高国民孝道意识，弘扬中华民族精神，推动构建和谐家庭、和谐社会、和谐中国。孝是我国优秀传统文化的重要内容之一，尤其是传统儒家学者对孝道进行了系统化、理论化的论述与推广，使其成为传统伦理道德的核心内容。传统文化的复兴，需要我们对优秀的儒家孝道文化进行全面研究，探讨其精神本质，并把儒家孝道学术研究与当前社会实际需求结合起来，鼓励和支持各大高校开展儒家孝道文化论坛、研讨会等学术活动。一方面,促进国内外年轻学子的学术交流与互动,拓宽年轻学子的学术视野;另一方面,推动孝道文化的传播与创新发展,增进海内外各国之间的理解和友谊。

(2) 开展阅读和学习孝文化的读书活动

开展品读孝道经典著作读书活动,对当代青年学生的身心健康发展有着重要作用。读《论语》,使当代青年学生知礼、懂礼、信礼、行礼,形成良好的品德修养。《论语》中修身、齐家、治国、平天下的人生理想和追求能引发学生们对自我价值的探索和对人生意义的追问,丰富其精神世界,帮助其树立正确的人生观、世界观和价值观。作为儒家经典著作之一,《论语》中的传统美德、伦理观念、人文精神是当代社会传承发展优秀传统文化的重要内涵。再读孝道经典著作,有助于青年学生理解和传承优秀传统文化的核心理念,进而更好地创新和发展优秀传统文化。

(3) 开展孝心少年评选与榜样宣传活动

"孝心少年"评选活动面向全校学生,通过评选和宣传新时代"孝心少年",展现孝心少年孝敬长辈、积极向上、自立自强的感人事迹和高尚品德,引导学生树立正确的价值观和道德观。可按照"道德高尚、品德优秀,敬老孝亲事迹突出,致力于长期坚持孝亲敬老,对老年人事业有突出贡献"等要求进行榜样评选。2020年,央视评选的几位"孝心少年",如任立春小朋友,五岁时就开始和爷爷奶奶一起照顾下肢瘫痪的父亲;十一岁的甘肃男孩石培昊帮助爷爷奶奶打理瓜田等,他们不畏艰难践行孝心,用积极乐观的心态与稚嫩的肩膀扛起全家希望的感人事迹,对每个孩子甚至是成年人都具有很大的教育意义。这些小朋友们用实际行动彰显了榜样的力量。在学校开展"寻找校园最美孝心少年"活动,寻找、记录和传播孝心少年的故事,展现他们身上的高尚品德与人格魅力,为广大学生树立时代偶像,在校园掀起倡导孝亲善行、致敬道德榜样、弘扬社会主义核心价值观的强大舆论正能量。

（三）家庭方面，要重视家庭道德教育

1. 树立父母的正面榜样作用

"家庭是人生的第一个课堂，父母是孩子的第一任老师。"家庭教育具有特殊性，是其他组织教育无法替代的，人的道德品质、价值观念以及健康心理等都离不开父母最初的家庭教育。培养孩子的行孝意识和行孝能力，父母首先要以身作则，为孩子树立良好的榜样。一方面，用父母之间的爱来感染孩子。父母的爱是最好的教育方式。父母之间要相亲相爱、相互尊重、相互理解、相互扶持，无论遇到什么问题，夫妻之间都能友好和平地交流沟通，共同面对。同时，父母还要经常表达对孩子的爱。关心孩子的生活、学习，空闲时间与孩子一起玩耍、读书，增强亲子之间的感情。另一方面，用对父母的敬来启发孩子。父母首先要有行孝的意识和行为，要孝敬、尊重自己的父母，无论多忙都要抽出时间带孩子回家看望父母，陪父母唠唠家常，帮父母做一些家务；其次要从小教育孩子爱亲、尊长、敬老，同时让其做一些力所能及的家务活儿，增强孩子家庭责任意识的同时，使其亲身体验父母养育孩子、操持家庭的不易，从而懂得心疼父母、主动关心父母。通过日常生活的细节强化孩子的孝道观念和行为。

2. 采用民主的家庭教养方式

民主型的教育方式表现为亲子关系建立在彼此信任、平等、尊重的基础之上，父母既对孩子有合理的要求，同时也能接受孩子的想法并予以合理满足。在孩子取得成就的时候，对孩子表达真诚的夸赞和认可；在孩子迷茫的时候，帮助和指引孩子树立适当的目标；在孩子犯错误的时候，耐心教育，以事实和道理说服孩子；在家庭做决定的时候，充分尊重和考虑孩子的想法和意见，努力为孩子创造一个充满爱、平等、尊重、信任、安全的家庭环境，使孩子感受到家的温暖、父母的爱，使孩子情绪乐观而稳定，性格独立且自信。在民主的家庭氛围中，孩子有独立自主的空间、自由表达的权利，也更愿意主动和父母交流，关心父母，因而亲子关系才会更加和谐，家庭才会更加和睦。

3. 树立正确的家庭教育理念

当前,家庭教育较为突出的问题为"重智育,轻德育"。然而,德育是智育的重要动力和根本保证。智育应当是智慧的培育,而智慧是由智力、知识、观念、情感、意志、方法技能等多种因素构成的复杂统一体,智育的本质在于培养个体认识事物、尊重规律、解决问题的能力。因此,智育中应该有情感意志的培养,比如尊重、感激、认真、坚忍、负责等品质。有德,智才会有积极的社会意义。一些家长通常把智育看作是知识、技能和智力的教育,过于重视分数,认为只要考高分就能考上好大学,就有了光明前程。虽然个人的发展水平受智力因素的制约,但是它并不是决定个人发展水平的唯一因素。因此,注重智育没有错,错的是将智育当成唯一,而忽略其他方面的发展,一条腿站不稳也跑不快,只有各方面全面发展,才能跑得又快又轻松。品德是人的灵魂,要抓住培养青少年品德的黄金期,用合适的方式给予孩子必要的孝道教育、感恩教育,为家庭、为社会、为国家培养德才兼备、全面发展的人才。

(四) 个人方面,要提高个人道德素养

1. 增强自身孝道认知

"知"即认知、观念。读书使人明智,因而强化自身孝道认知要多读史书,多读好书。儒家经典著作众多,如《论语》《孟子》《孝经》等,这些著作中包含了孔孟等儒学大家的孝道伦理思想,阅读这些孝道著作,了解孝道的核心内容为"善事父母"。父母含辛茹苦抚养子女长大,子女理应孝敬父母、照顾父母,这是人之天性,也是我们为人子女的责任。不仅在家庭如此,在社会上还要与人为善、尊重长者,尽其所能为人民、社会、国家做贡献。明晰孝道的概念与内容,才能对孝道有一个完整、系统的认知,才能做出理性的孝道评判,进而才能在现实生活中践行孝道。

2. 强化自身孝道情感

"情"指情绪、情感。强化孝道情感就是强化亲子之间的爱的情感。"爱"是"孝"的基础与前提。强化孝道情感首先要培养亲情。要求孩子多与父母进行情感沟通，如经常和父母谈心，了解父母的身体状态和心理状态，在父母状态不佳时，及时给予父母关心和安慰，培养孩子爱父母的情感。亲情是一种互动，父母也要在日常生活中经常关心孩子，关注孩子的身心动态，帮助孩子解决学习与生活中的困惑。从"给父母洗脚"这件事情上来看，不少人认为给父母洗脚"太做作了"，这也从侧面反映出不少家庭平日里没有亲情互动。由于亲子之间很少进行日常情感互动，所以"给父母洗脚"会使双方都觉得尴尬、不自然。为了避免父母的单向付出的偏差，要鼓励和支持孩子多做一些力所能及的事情，如在父母下班后帮其捏捏肩捶捶背，在父母做家务时为其奉上一杯热茶等。这样做不仅能缓解父母的劳累，让父母感到欣慰，还能培养亲情，缩小亲子之间的心理距离。

3. 提高自身行孝意志

"意"即固定的观念和意志。提高行孝意志就是要把个人的"孝"意识上升到道德意志的高度，使行"孝"成为一种理性认知，进而成为个人信仰，使"孝"成为个人的内心自律。将"孝"意识上升到"孝"意志，首先要有一个正确的"孝"认知。父母赋予我们生命，不辞辛劳地将我们抚养长大，带我们体验这个美丽的世界，教会我们做人处世，为我们倾其所有且不求回报，只求我们健康、快乐地成长，父母的这种无私奉献的养育之情值得我们赡养他们的后半生。"慈孝"是相互的，你抚养我长大，我陪你变老，这是一种纯粹无瑕的人类情感。自律性的孝道是发自内心的孝敬父母、尊敬父母，它不会随着时间、外部环境等非主观因素的变化而改变。无论社会环境如何变化，无论孝道衰落还是兴盛，都要始终坚定内心信仰，坚持用良好的态度对待父母、尊重父母、赡养父母、耐心照顾父母，让父母身心愉悦，安享晚年。

4. 提高自身行孝能力

"行"是行为与表现，是对"知""情""意"三者的实施过程。"孝"的实践性和实效性要经过生活实践的检验，才能得知其是否得到落实以及效果如何。一个人品行的好坏要看他的日常行为表现，特别是他在家庭生活中的一些细节表现，看他是否已经形成一种习惯。在孝道教育中，既要重视爱与敬的情感培养，还要进行孝道实践教育，无论年龄大小，都要主动承担关爱父母、孝敬父母、照顾父母等家庭责任。不仅要重视家庭责任意识的培养，更要将这种责任落实到实际行动上。在日常生活中始终做到敬重父母和长辈，并且能坚持关心父母、细心照料父母、赡养父母。通过亲情互动产生爱的情感、孝的认知与体验，进而将"孝"落实到生活中，养成并坚持孝亲的良好行为习惯，使对孝道的认知与实践相统一，使"孝"的道德观念和伦理规范得到光大和落实。

总之，孝道不仅是一种理念，更是一种实践。对于儒家孝道伦理的转化、传承，一方面要理性认识儒家孝道伦理，准确把握儒家孝道伦理的核心内涵，为儒家孝道伦理的转化、传承提供理论基础；另一方面要积极传承儒家孝道伦理，在生活实践中运用、检验、完善儒家孝道伦理的当代内涵与价值，推动儒家孝道伦理在理论和实践的双向互动中不断深化。

第六章 儒家伦理思想的当代价值

作为中国历史上占据统治地位长达两千多年的官方思想，儒家思想虽然产生于春秋战国时期，但是时至今日仍然在中国产生重要作用。一种思想能够在中国思想界占据这么长时间的统治地位必然有其合理性。

在今天，许多人认为儒家思想已经过时，甚至片面崇拜西方的一些思想，这其实是文化自卑感在作怪。有些西方学者认为，中国由于经济落后而文化落后，这种西方文化优越感带有明显的西方中心论的观点，是非常片面的。其实，在我们看来，每种文化都有其产生、存在、发展的土壤。尽管五四运动对儒家文化进行了一些不公的评价，或片面地否定儒家思想的价值，但儒家思想绝不是一无是处的，儒家思想特别是儒家伦理思想中的精华使得中国创造出了辉煌的古代文明，当欧洲还处在中世纪的黑暗中时，中国已经经历了汉唐的繁华。当然，我们也不得不承认西方的文化思想有其自身的优点，且许多优秀的思想文化值得我们学习与借鉴。但是中国儒家传统文化的精髓也值得我们继承与发扬，如儒家所主张的德育、德治，以及"仁义礼智信"等思想仍是解决中国社会当前道德问题之良药。因此，深入挖掘儒家伦理思想的当代价值，对我们今天有着重要的现实意义。

第一节 儒家伦理思想产生的历史条件

春秋战国时期是中国社会形态由奴隶社会向封建社会转变的时代，而这

第六章　儒家伦理思想的当代价值

一时期学术界最重要的特征就是诸子百家争鸣。所谓"诸子"或者说"百家"只不过是个概数而已，其中比较著名的有儒、墨、道、法、名、阴阳、纵横、小说等，它们的思想产生于春秋时期鼎盛于战国时期。

百家争鸣集中反映了先秦时期在社会政治、经济、文化等不同领域的深刻变革，其争鸣的内容几乎包括了中国古代伦理思想的所有理论问题。

一、儒家伦理思想产生的经济条件

在经济上，春秋以前中国处于奴隶制社会时期，生产力极其不发达，奴隶占人口的绝大多数，被称作"会说话的工具"，没有做人的权利。大量的土地归奴隶主所有，奴隶与奴隶主是一种绝对的人身依附关系。此时，由于生产力极其不发达以致剩余产品没有出现，所以社会中真正意义的市民还没有大量出现，手工业和商业还没有形成独立的门类，人们的商业行为还是原始的以物易物。春秋战国时期，由于铁器和耕牛的大量使用，社会生产力得以迅速发展，封建性质的私有土地开始大规模地出现并发展起来，同时，接踵而至的奴隶暴动最终推翻了原有的奴隶制土地制度。土地是一切经济之源，土地所有制的改变使得封建地主阶段迫切需要大量农民进行耕作，而奴隶主却仍然希望拥有土地、拥有大量的奴隶。于是，一场场争夺土地、争夺奴隶或农民的战争爆发了。经过春秋战国时期的连年战争，代表当时先进生产力的新兴地主阶级获得了胜利，他们迫切需要恢复经济，促进生产。

二、儒家伦理思想产生的政治基础

经济基础决定上层建筑。经济基础的改变反映到上层建筑中，在政治上，一方面，统治者不能再像过去的奴隶主一样仅仅用原始宗教和鞭子来控制人民；另一方面，大量的奴隶通过暴动脱离了奴隶主的统治，成为真正意义上的国民，中国的市民社会由此而产生。在文化上，原始宗教的破产、奴隶身份的转变迫切需要一种新的思想来调节人与人的关系。在国与国的争霸战争中，社会关系发生了深刻的变化，"父子相篡，兄弟相残，灭国绝嗣，以至于君臣易位"。周天子所确立的宗法等级统治体系四分五裂，出现了礼崩乐坏的混乱局面。由于西周旧的宗法等级体系迫切需要被改造成封建地主阶级的意识形态，因此儒家思想由此诞生。

孔子是儒家学派的创始人。"儒"这一名称在商代就有了，是一种对宗教从业人员的称呼。儒字是从"需"字中分化出来的，因为这种教职人员主持祭祀仪式之前需要斋戒沐浴。到了春秋时代，"儒"已经不再是与政治相结合的教职人员了，已经成为以传授礼仪知识来谋生的自由职业者了。有学者认为，"逐步从宗教与巫术中分化出来的'儒'，沿两个路向发展：一部分凭借其原始礼仪知识，成为国君或诸侯的助手，致仕后亦多替政府培育乡间子弟；一部分利用其'礼'的知识与经验，专门为贵族襄礼，成为散布于民间的实践家"。他们在朝廷中能做到忠，在家庭中能够做到孝，在平常生活中能够做到礼。作为儒家学派的创始人，孔子主张开办私学，将各个阶层的人吸收到自己门下，形成了很有影响力的学派——儒家学派。

在儒家伦理思想产生时期的前后，相继产生了许多学派。这些学派的代表人都著书立说，广招门徒以致形成了诸子争鸣的局面。其中，最著名的有儒、墨、道、法四家，主要代表有孔子、孟子、荀子（儒家）；墨子、禽滑釐、孟胜（墨家）；老子、杨朱、庄子（道家）以及法家的集大成者韩非。他们的思想都闪耀着耀眼的光芒。但是，儒家思想能够成为统治中国长达两千年之久的官方思想，是有深刻的原因的。因为儒家思想更贴近生活，更切合实际，更能为统治者与被统治者所共同接受。

第二节 儒家伦理思想的核心内涵

儒家伦理思想的核心价值主要有仁、义、礼、智、信、忠、孝、民本等。儒家的这些核心价值几乎关注了社会生活的各个方面，涉及了人对自我的认识、人对家庭关系的认识、人与他人及其社会关系的认识、人与国家关系的认识，甚至是人与自然的认识。本章节重点分析"仁"与"义"。

一、"仁"是儒家伦理思想的核心

（一）孔子关于"仁"的思想

"仁"字就其字形来看是单人旁，旁边是二，从字面来看，一个人是构不成"仁"的。因此，"仁"体现在两个人的关系之中。孔子作为儒家的至圣先师，开创性地认识了这一点，将仁提至儒家学说的核心地位。孔子认识到一个人只有与他人发生关系时才能产生所谓的仁。对于仁的本质含义，孔子认为就是"爱人"，孔子讲爱人是说对他人应该同情、关心与爱护，最能反映这一点的就是孔子与樊迟问答，"樊迟问仁。子曰：爱人。"《论语·颜回》中的"仁"指的是从人，是指人的一种复数关系，很显然爱人不是指自爱，而是要爱他人。孔子的仁的理论基础是一种氏族内部的血亲之爱，而血缘关系是维持内部关系稳定的基础。但是孔子所处的时代氏族社会已经基本瓦解。在东周末期，社会结构不再是单一的家族体系，外族的存在改变了单一的社会结构。这种变化，要求孔子的"仁学"既要肯定血缘之爱，又要将其扩大到血缘之外的异姓，成为以地域而非血缘为范围的人际关系。仁爱思想是正确处理人际关系的准则，它尊重人的价值，提倡人与人相爱，是一种淳朴的人道主义思想，在今天的现实生活中仍具有重要意义。

在孔子眼中，他认为，人们的一切生活方式都必须符合仁的道德原则的指导，认为仁是一切社会良好道德的总称，又是评价社会善恶美丑的标尺。

1. "仁"为一切美德的总称

孔子认为，社会中的一切美德都包括在仁中，许多具体的美德，如恭、宽、信、敏、惠等都是仁的体现。"子张问仁于孔子。孔子曰：'能行五者于天下，为仁矣。'请问之。曰：'恭、宽、信、敏、惠。'恭则不侮，宽则得众,信则人任焉,敏则有功,惠则足以使人。"其它,如信、智、勇等都是仁的体现。"智者利仁"指的是智者认识到了仁的好处,并且身体力行的实现他就是美德。"仁者必有勇,勇者不必有仁。"讲的是勇敢是仁的一部分,勇敢的人不一定称得上仁,而称得上仁的人必定是勇敢者。

2. "仁"是整个社会道德评判的标准

什么样的人称之为君子,什么样的人称之为小人?用什么来评价人们的行为来促进社会良好道德风尚的形成?孔子认为,总的标准就是"仁",只有以"仁"为本,才知道爱什么恨什么。"唯仁者能好人,能恶人。"而且,孔子还认为小人与君子也是以一个人是否具有仁来划分的,"君子而不仁者有矣夫,未有小人而仁者矣。"《论语》中出现最多的就是仁字,以仁为标准来进行道德评价不是个别的情形,可以说是孔子一生所奉行的最基本准则。孔子的"仁"就其实质来说就是"忠恕",所谓忠,就是"己欲立而立人,己欲达而达人。"所谓恕,就是"己所不欲,勿施于人。"早在两千多年前,孔子就为我们提出了个人道德修养及与人交往的最高准则——忠恕之道。

(二)孟子对"仁"的继承与发展

作为继孔子之后的儒家学派的又一位重量级人物,孟子在孔子仁学基础之上又提出了"仁政"学说。仁者爱人,而将这种"爱人"精神发挥于政治领域,就是仁政。仁政就是要求统治者能够以仁爱之心来爱护人民,施仁政于民。孟子的仁政学说,将孔子的仁学进一步发展并引入政治领域,将孔子提倡的个人道德修养与人与人之间的准则充分发展导入君与民关系,国与国关系的领域。孟子的仁政思想主要有:制民之产、反对兼并战争、民本思想等几个方面。

1. 关于"制民之产"的思想

战国时期,国与国兼并战争加剧所暴露出来的许多社会矛盾使孟子敏锐地察觉到解决这些矛盾的关键在于经济。同时,他也认识到经济对道德修养的重要作用,认为如果一个人连生存都得不到保障还空谈什么更高的道德理想。孟子摆脱了之前思想家们的那种只讲道德不谈经济的问题,开创性地提出了"制民之产"的思想,他认为,只有解决了农民的生产和生活问题,使生活稳定,他们才会产生一定的道德观念。制民之产就是要使农民拥有固定的财产,而且这种财产是生产性财产而非消费性财产。正所谓"民之道也,有恒产者有恒心,无恒产者无恒心。苟无恒心,放辟邪移,无不为已。"这里的恒产包括房屋、牲畜、劳动工具等,而其中最重要的就是土地。孟子认识到了土地在中国社会的重要作用。翻开一部中国历史,实际上就是一部土地战争的历史。一个王朝刚刚建立时,土地分配较为平均,随后,由于一些特权官僚势力的介入,土地兼并开始,一批与官僚阶层有千丝万缕联系的地主阶级的产生加剧了这种兼并。皇帝作为中国最大的地主,控制大官僚大地主,大地主剥削小地主,所有地主剥削农民致使大量农民失去土地成为雇农,甚至远走他乡成为流民。土地兼并加剧了阶级的对立,一方面地主阶级在集聚财富,一方面也在集聚矛盾。大量的农民失去土地没有恒产,所以整个社会处于不稳定状态,随后起义爆发了,胜利者推翻旧势力,但立即摇身一变又成为新的兼并势力,中国封建王朝又进入一个新的轮回。纵观中国封建时代的每一个朝代,在该朝代刚开始时,特权阶层人数较少、势力较弱,土地拥有较为公平。而当一个朝代行将就木时,特权阶级控制大量土地,社会矛盾尖锐,中国社会封建历史仿佛永远也逃不出起义—兼并—灭亡的轮回。

孟子将注意力放在土地上,具有超越时代的眼光,尤其他对公田与私田的划分,可以说独具匠心。虽然公田理论具有封建剥削的成分,但是对公私田的划分,尤其是对私田的确定是对农民土地权的承认,是对农民私权的肯定。同时,公田的确定为土地兼并设置了障碍。在肯定剥削的同时,又为剥削者划定了最大的尺度,使其不敢越公田一步,这就是井田制。可以说,这一制度是为制民之产的理想服务的具体措施。该措施最大程度地缓解了农民与国家的矛盾,将农民留在土地上,使其"居者有其屋,耕者有其田",这是具有积极意义的。

2. 主张"民为贵"的民本主义思想

作为一个有社会良知的思想家,孟子看到当时连年战争、土地兼并、民无恒产、流离失所对社会的损害在对待人民的态度上,他关心人民疾苦,要求统治者要为民谋利。"庖有肥肉,厩有肥马,民有饥色,野有饿莩,此率兽而食人也。兽相食,且人恶之;为民父母,行政,不免于率兽而食人,恶在其为民父母也!"孟子从人性善的角度说,看到动物相食,人都不忍心,作为统治者又怎么忍心看到人被饿死这样的事呢?孟子注重民生,尤其反对统治者阶级的荒淫无度,他认为,统治者的享乐是一种个人之乐,是一种建立在民众痛苦之上的乐,而他强调与民同乐,认为对人民生活加以关心,老百姓生活快乐了,国泰民安了,国君自然就快乐了。例如,他说:"为民上而不与民同乐者,亦非也。乐民之乐者,民亦乐其乐;忧民之忧者,民亦忧其忧。乐以天下,忧以天下,然而不王者,未之有也。"孟子将民众是否满意作为评价君主政绩的标准是具有时代先进性的。从民本思想出发,孟子认为,"民为贵,社稷次之,君为轻。"他将民众放在比君主更重要的位置上,并认为君主若荒淫无度则可推翻他,这并非"弑君"而是"诛夫"。这肯定了民贵君轻的思想,在肯定君主统治的同时,又为其统治设置了禁区,肯定了民众的反抗暴力的权利。这在中华民族的民权史上留下了光辉的一页。

3. 国与国关系的准则——仁

孟子的制民之产与民本思想是用来调整国家内部关系的,主要是调整君与民之间的关系,主张君主要对民众实行仁政,爱护民,民众才会爱君,才不会犯上作乱,而将这种仁进一步拓展就可以引申为国与国之间的关系准则。仁者爱人,国家总是由人组成的集体,既然可以爱人,孟子认为就应该爱人所组成的国家,将仁的思想推广到国与国的关系中去。国与国之间应该做到仁爱而不应发生战争,孟子反对战争,与我们今天将战争的性质划分为

第六章　儒家伦理思想的当代价值

正义战争与不义战争不同,他认为凡是战争就是不义的。孟子从人的角度看到,国家是人的集合体,战争的发动者、实施者、承担者、牺牲者都是人,战争在毁坏物质财富的同时,更是对人的生命的剥夺,是人的"仁爱"本性的丧失。他看到国与国战争的实质是人与人的战争,妻离子散、刀光剑影、你死我活是对人"仁者爱人"要求的最大毁坏。春秋战国时期,各国都发动战争,从春秋初年的 300 多个诸侯国,经过几百年的兼并,到战国末期的战国七雄,反映了强国侵略弱国,弱国侵略比他更弱的国家这一事实。

孟子认为,只有在特殊情况下才可以发动战争,他在个别场合还是区别了"义战"和"不义战"的。例如,他区别了"征战"和"诛伐",支持汤伐夏桀、周武王伐纣,认为这是"诛独夫""残贼之人,谓之一夫。闻诛一夫纣矣,未闻弑君也。"显然孟子赞成诛伐暴君。从这一点看,孟子认为,当国君实施残酷统治,压迫人民,不实施仁政、不爱民时,人民可以推翻他,人民推翻暴君是为了改变其"不仁"的统治,用战争这种不仁的方式推翻暴君这种不仁的统治。民众的不仁造成的伤害要比暴君的不仁伤害要小这与今天刑法中的正当防卫概念相似。

仁的思想由孔子提出,他将仁看作是一切美德的总称,并作为判断道德善恶的标准。孔子的仁主要是用于人的自我道德修养(克己)和人与人之间的关系中(复礼),是适用于民众中的道德准则。而孟子创造性地将仁的思想引入政治领域,引入君与民的关系之中。他主张君民之间也应有仁爱,并提出"制民之产"的实施方式与"井田制"等具体措施,提出"有恒产者有恒心、无恒产者无恒心"的思想。并开创性地提出调节国与国关系的准则,也应该是仁爱反对兼并战争。应该说,孟子的仁学思想与孔子的仁学思想是一脉相承但又有所发展,拓宽了其领域。孔孟仁学思想对于春秋战国这一社会矛盾丛生、国家兼并剧烈、民不聊生的乱世来说,确实是稳定人的自我关系、人与人关系、君与民关系、国与国关系的一剂良药,缓和了当时的社会矛盾,这一点是有其历史的积极意义的。

二、义——儒家人际关系的基本准则

义的繁体是由"羊"和"我"组成的,而羊是一种善良温顺的动物。因此,从字源可以看出义意味着美好和善良的。

(一)孔子之"义"

义是儒家恪守的"五伦"之一,也是儒家处理人际关系的基本原则,孔子"贵仁",并强调"仁"与"礼"的统一。孟子继承并发展了孔子的"仁",但是与孔子强调"礼"不同,他更强调"义",主张"仁""义"并用。"义",作为一个德目,在《论语》一书中出现的次数仅次于仁,但在孔子的言论中,却没有把仁与义直接联系起来加以论说。然而,通过类比、引用不难看出,仁与义的内在联系不仅十分紧密,而且义在思想上更贴近于仁。就以信、勇、恭、宽、孙、礼这些在孔子言论中直接与仁有联系的德目来说,孔子认为"信近于义,言可复也。"而勇之所以发扬的依据和动力则是义,"见义不为,无勇也。"进一步他又说"仁者必有勇,勇者不必有仁。"关于勇,他还讲到"君子义以为上,君子有勇而无义为乱,小人有勇而无义为盗。"由此已经可以看出,义是高于勇的范畴,义与仁已经达到十分切近的地步。在《论语》一书中,义的含义扩大到了哲学、政治、伦理、教育等各个方面。例如,"君子义以为上。""君子之仕也,行其义也。"其实就是告诉我们做人和为官都应该以义为至上法则,做符合"义"的事情,才能算是君子,才能算是"君子之仁"而非"小人之仕",这集中体现了孔子将义作为人立身处世之根本。在《论语》里,具有义的美德,与义相联系的往往是君子,孔子用君子之义来说明义这种美德只有君子才具有。例如,"子曰:'君子之于天下也,无适也,无莫也,义之与比'。""子曰:'君子喻于义,小人喻于利。'""子曰:'君子义以为质,礼以行之,孙以出之,信以成之。'""子路曰:'君子尚勇乎?'子曰:'君子义以为上。君子有勇而无义为乱,小人有勇而无义为盗。'""子路曰:'不仕无义。长幼之节,不可废也;

第六章 儒家伦理思想的当代价值

君臣之义,如之何其废之?欲洁其身,而乱大伦。君子之仕也,行其义也。'"孔孟树立了君子这种道德楷模,并通过与小人的对比,反映出君子与小人最大的区别,强调君子首要的美德就是义。君子做人、为官、做事都以是否符合义来严格要求自己,而小人则只会看到眼前的物质利益。

(二)孟子之义——舍生取义

孟子继承并发展了孔子的思想,他首创了"人伦"概念来作为"仁义"之道的思想前提。人伦出自"人之有道也,饱食、暖衣、逸居而无教,则近于禽兽。圣人有忧之,使契为司徒,教以人伦;父子有亲,君臣有义,夫妇有别,长幼有序,朋友有信。"从这段话可以看出人伦是人的伦理,即人区别于禽兽的根本。与动物不同,人具有社会性,在社会生活中会产生父子、君臣、夫妇、长幼、朋友这一系列的人际关系,怎样处理这些人际关系,实际上是人伦的重要内容。孟子说:"恻隐之心,人皆有之;羞恶之心,人皆有之;恭敬之心,人皆有之;是非之心,人皆有之。"这是人与动物最大的区别。孟子又说:"恻隐之心,仁之端也;羞恶之心,义之端也;辞让之心,礼之端也;是非之心,智之端也。"孟子将义看作人间正路,认为人应该走一条符合义的道路,同时认为义是人所追求的最高价值,甚至比生命还重要。孟子曰:"鱼,我所欲也;熊掌,亦我所欲也。二者不可得兼,舍鱼而取熊掌者也。生,亦我所欲也;义,亦我所欲也。二者不可得兼,舍生而取义者也。"义作为爱人的标准,孟子给仁下的字义是仁者爱人,这是对孔子仁爱原则的进一步升华。在同墨家的论战中,孟子认识到爱人并不是没有界限、没有原则的,如果不分是非,善恶很容易走向"兼并",甚至走向不分善恶黑白的"爱一切人"的极端,那么用什么标准来确定爱的界限呢?孟子认为应当是"义",即符合义的行为和人应当爱,而违反义的行为和人应当恶,正所谓爱其所爱,恶其所恶。由此,孟子将仁者爱人通过"义"加以统一,实现了"仁义"的结合。

(三)对儒家义利观的误解

谈到"义"我们就不能不谈利,义与利的关系是中国伦理学几千年来争论不休的问题。针对当今许多学者认为孟子的义利观是"去利怀义",因而认为儒家思想否定利益,笔者认为,这是对儒家思想乃至儒家认识的一个误区。

孟子强调"义",并不代表其否定利,只不过是他认为在义利关系中义应当优先于利,而并非指其不注重物质利益的获得。实际上,儒家尤其是孟子非常重视利对于社会的重要作用,他提出的"有恒产者有恒心,无恒产者无恒心"就充分肯定了"制民之产"对于改善人民生活,提高社会道德水平的重要作用。井田制就是孟子提出的发展生产,创造财富的重要措施。同时,孟子反对战争,反对统治者实行暴政,其中也深刻的蕴含了让百姓安居乐业,休养生息的思想。然而,由于在《论语》中孔子将君子与小人对立,认为,"君子喻于义,小人喻于利。"学术界就给儒家学派扣上了不重利的帽子。实际上,分析儒家思想应该进行比较分析和联系分析,而非断章取义,仅凭一两个字来下定论,而不考虑说这句话的环境。"君子喻于义,小人喻于利"的意思是说道德高尚的君子知道怎么做才合理,小人只知道使自己多得利。有的人以为自己不要利,或者不多要利,就是义,这是误解。应该得到的,就可以取;不应该得到的,就不取,就是义。应该得的,不要;不应该得的,却要,都是不义。不应该得的而取之,属于不义,大家都容易理解;应该得而不得,是不义,许多人没有这种意识。春秋时,鲁国规定,无论谁从外国赎回鲁国人,都可以到政府那里领取补偿金。孔子的学生子贡下海经商赚了很多钱,他赎了很多鲁国人却不去政府那里领取补偿金,孔子认为这是不宜的,也就是不义。孔子对子贡说:"你这么做,今后鲁国人在外国当奴隶就再也没有人去赎了。"孔子的另一个学生叫子路,他救了一个落水的人,那人送来一头牛作为酬谢。当时,一头牛是相当昂贵的财富。孔子高兴地说:"鲁国人今后一定很热心拯救落水的人。"孔子说"君子喻于义,小人喻于利。"实际上是讲,君子懂得怎样去行义,而小人只懂得怎样去获利。孔子讲君子行义,并非认为君子只行义而不取利,只是认为义应该优先于利,义应该控制利。喻于义之后去获利在孔子那里也不失为为君子,所以孔子本义是要讲义先利后的问题,却被误解成了"去利怀义"。"见利思义,见危授命,久要不忘平生之言,亦可以为成人矣。""义然后取,人不厌其取。""见得思义",在这些话中我们都看到孔子并非否定利,而是强调要在符合义的前提下获取利。因此,在孔子看来,义为利之本,有了义才可以获取利,义与利是一个先后的问题,而很多学者却误以为义与利是一个是与非的问题,认为有义则无利,有利则无义,其实这是对"君子喻于义,小人喻于利。"这句话的误解。儒家并不忽视人的合理之利,他们认为,合乎正当利益,合乎"公"利的事便是"义";以个体"私"利损害"公"益的,便是不合理的"利"。他们尚"义"抑"利",实际上是反对以私害公,是主张个体利益不应损伤群体利益。义利之辩在今天看来仍然具有重要的意义。墨子的义利观与孔孟不同,他力图将义与利相统一,认为义是利人、利天下的手段,利人与利天下为义的内容、目的。用利来解释义,无疑是将义物质化,否定了其高尚的道德境界。道德原则虽然是由一定的物质利益所影响和决定的,但是它却具有独立性和存在价值,墨子认为,"利人"就是"义"的,他将"利人"视为"义"的满足,而不问利人的手段与方式,只要达到了利人的结果其就是义的。那么,人也分善人、恶人,利恶人也是利人(根据其兼爱的思想),这难道也是义吗?墨子只看到肤浅的物质利益,没有看到义对于规则和良好道德风尚的维护作用。这种简单的利人观实际是对规则及公德的破坏。

在先秦儒家伦理思想中,"仁"与"义"具有很多积极合理的因素。孔子、孟子通过对"仁"进行深入的阐述,教会我们首先要爱自己的父母兄长,在家庭生活中做到孝顺父母、尊敬兄长,这样整个家庭才会保持稳定。然后将这种爱扩大到社会去爱他人,使整个社会人人都充满爱心,再将这种爱心表现到对自然的爱之中,而这些行为都是通过"义"进行规范的。此外,它所蕴含的统一天人的价值尺度,无疑有助于化解人与自然之间的紧张关系。儒家伦理思想在对个人进行关注的同时能够对他人,即社会中的亲人与陌生人进行关注，表现了其成人达己的高贵品质，而将这种关注发展到自然就是对自然环境的爱。儒家伦理思想中这种个人与社会统一、个人与自然统一的发展理论具有积极意义。

然而，儒家伦理思想产生于两千多年前的农业社会，因此必然带有那个社会的局限性。首先，儒家思想是建立在等级基础之上的。"亲亲、尊尊"的思想发展到后来就是"三纲五常"，其在维护封建家庭关系稳定的背后，实际上是对为臣者、为妻者、为子者个人权利的赤裸裸的剥夺。而当今社会，自由与平等的思想深入人心，现代文明社会的重要标志就是权力制约与权利保障。权力制约就是对国家公共权力通过制度有效地加以制约，防止国家机关滥用权力。而权利保障就是要对公民社会中的每一个公民的基本人权加以保障。在公民社会中，上下级之间、夫妻间、父子间的地位是平等的，人人享有平等的生存权、隐私权等，不存在父让子死，子不得不死；君让臣亡，臣不得不亡的命令关系。

其次，儒家"忠"的思想具有局限性。在儒家思想中，忠更多地表现为"臣事君以忠"，即，忠是对皇帝的忠诚，甚至是不分是非的"愚忠"。而在现代社会，对于忠的理解应当是忠于祖国、忠于民族、忠于职守。

最后，儒家伦理中"父为子隐，子为父隐"的思想与现代社会法治理念格格不入。在儒家那里只看到父子之间的亲情，但是在现代社会，人作为家庭的一员的同时，还是社会中的公民，而每个公民都有遵守法律的义务。法律的严肃性是不能被家庭伦理，甚至是乡规民约所代替的。

第三节 先秦儒家伦理思想的基本特征

先秦儒家伦理是一个完整而复杂的思想体系。说它复杂，是因为该体系内部的各个代表人物的主张并非完全一致，这不仅是因为一种新的理论体系在刚刚形成时,可以从不同的角度对其加以阐发所致,而且是在与现实结合、为现实服务的实践过程中,理论体系接受现实的检验而自觉做出的调整、应变、融合所致;说它完整,是因为尽管该体系内部的代表人物有观点上的分歧,但却万变不离其宗,都以"仁义、礼智、道德"为依归,以"修身、齐家、治国、平天下"为人生理想,以重视人的主体性价值和人的主观能动性为根本出发点。这样一个体系完整的理论学说,具有极其显著的特征。

一、人学性

先秦儒家伦理思想是以人为中心,以道德之"仁"为本位的道德主体性人文哲学。把儒家伦理,尤其是作为其奠基理论的孔子伦理学看作是"人学"或"仁学",已是中外儒学研究者的一种共识。而先秦儒家伦理之所以被称为"仁学",首先在于它始终且彻底地坚持从一种伦理化的人文世界观和人生观来看待自然、社会和人生。与古希腊文化经由自然宇宙论进入自然科学,从而进入人生哲学不同,先秦儒学的创始者们从一开始就把思想的侧重点放在人间事物上。在孔子的思想视野中,最重要的是人事和"事人",尤其是现实的、现世的人事。这一价值秩序无疑表现了孔子儒学鲜明的人学主体性特征,也表明了它的仁学色彩。论语中记载:"季路问事鬼神,子曰:'未能事人,焉能事鬼?'曰:'敢问死。'曰:'未知生,焉知死?'"在这里,弟子季路所问的"事鬼神""死"之类的事是指当时祭祀鬼神一类的宗教性活动。在孔子看来,这类事远不如"事人"重要,孔子所言的"事人",是指孝敬长辈、慈爱幼小的伦理性的行为。显而易见,在孔子那里,人事和事人优于鬼事和事鬼,生优于死,道德的人事优于非道德的人事。在孟子和荀子的思想体系中,人的主体性价值地位更加突出,他们在人与自然的关系上,在人与社会的关系上,始终强调人的主体作用。孟子有"天时不如地利,地利不如人和"之语,荀子则有"制天命而用之"的豪言壮语,这些话显示了人在自然界的主要地位和作用。孟子提倡"仁政",荀子则提出"欲修政美俗,则莫若求其人……大用之,则天下为一,诸侯为臣;小用之,则威行邻敌"。这些观点更进一步表明了人的主体作用和主体性价值。

其次,先秦儒家伦理之所以被称为"仁学",还在于它所要表达的道德主义人文理想。尽管学术界对"仁""礼"两大范畴哪一个在孔子思想中处于核心地位有分歧,但可以肯定的是,"仁"的范畴更突出地标志着先秦儒家伦理的人文性质,《礼记·中庸》记载了孔子回答鲁哀公问政时的一段话:"为政在人,取人以身,修身以道,修道以仁。";《论语·为政》记载了"为政以德""齐之以礼"。《论语·八佾》则记载了孔子回答林放问"礼之本"时说的话:"大哉问!礼,与其奢也,宁俭;丧,与其易也,宁戚。"这些话表明了在孔子的社会政治观中,人的主体性价值和道德理想是根本性的、第一位的。而在其道德观中,孔子的思想则从注重行为规范的"礼"转向了追求内在道德情感方面的"仁",如"人而不仁如礼何!人而不仁如乐何!"士人君子应"志于道,据于德,依于仁,游于艺",更强调人之为"仁"的内在根本意义。因而,人之为"仁"又是孔子道德观中最核心的内容和要求。这种将为"仁""依于仁"作为一切人事的基本坐标的"仁人"学说,正是孔子及先秦儒家伦理的道德主义人文精髓所在。

孔子不单设定了"为仁"的道德目标,同时也设定了"成仁"的方法,即"仁之方"。具体来讲,就是"己欲立而立人,己欲达而达人"的积极态度,这种态度被宋儒概括为"推己及人"的"忠恕之道"。消极方式,也就是最起码的道德要求则是"己所不欲,勿施于人"。尽管在先秦儒家中有荀儒一派以"礼"释"仁",但从总体上来说,"仁"一直有着"全德"之称,占据着儒家伦理的核心地位。这是我们把儒家伦理看作是一种"仁学"或"人学"的充足理由。

最后,从先秦儒家伦理的人格理想来看,人学性这一特征则更为鲜明。先秦儒家伦理中关于人格理想的内容是很丰富的,孔子有"圣人""仁人"

第六章 儒家伦理思想的当代价值

"君子"等说法,孟子有"仁者""大丈夫"的说法,荀子有"至人"的说法。"圣人"是先秦儒家伦理思想中人格理想的最高化身。《论语·述而》中记载,孔子说:"圣人,吾不得而见之矣;得见君子者,斯可矣。"可见,作为人格理想的最高化身,"圣人"实乃某种超现实的、非真实的人格影像,与儒家伦理学关注现实人生、人事的主题格调不符,所以"圣人"只是虚悬挂置的人格理想画幕,儒家实际最为关心的还是对具有普遍可行意义的"仁者""贤者"和"君子"这一类人的人格塑造。而先秦儒家所言的"人格",尽管有境界、等级之分,但无实践通达之碍。孟子的"人皆可以为尧舜"的论断即说明了儒家关注的是普遍而真实可行的道德理想人格。同时,先秦儒家伦理对人格理想的道德论断,并非空洞的假设,而是基于对人性的论证而作的。无论是孟子的性善论,还是荀子的性恶论,或其他各种人性假说,虽有起点预设之不同,但最终都没有脱离孔子"性相近也,习相远也"的基本预制,即人性相近,人性可变,因而人之可塑的预设本身深含着一种积极的意义——人性在根本上平等可善。这就为先秦儒家伦理的道德人格论提供了一种合理可依的理论前提,所以,一种具有普遍意义的人格理想更具有生命力,更为平实可信,更能鼓舞人们在自我完善的征程中不懈奋斗。

先秦儒家的理想人格首先是从道德意义上而言的。《论语·里仁》记载了孔子关于"仁者""君子"的一些论述,如"君子无终食之间违仁""不仁者不可以久处约,不可以长处乐。仁者安仁,知者利仁。""唯仁者能好人,能恶人""君子喻于义,小人喻于利。""君子怀德,小人怀土,君子怀刑,小人怀惠。""仁者""君子"因其完善的人格力量,能够做到安贫乐道、乐天知命;克服偏私之见,正确对待他人;心怀道德,不忘法度;懂得将自己的言行规范在道德标准要求的范围之内。诸如此类的文献记载,都以道德意义而言理想人格,或以道德为理想的主体性内容。

但是,先秦儒家的道德理想人格并非是一个纯道德、唯道德至上的道德人格理想,换句话说,儒家的人格理想是全面型的而非单纯道德意义上的。

例如，孔子晚年以教授门徒为职业，从"文、行、忠、信'四个方面教育学生，李泽厚先生作如下解释，"文"者，诗书六艺之文，所以考圣贤之成法，识事理之当然；"行"者，知而后能行，知之固将以行之也；"忠"者，知而行之，然存心未实，或行为矫饰，或浮华不实，敌必以忠实来约束；"信"则事事皆得其实而用无不当矣。

"文、行、忠、信"涉及社会的各方面内容，祖述尧舜、宪章文武、以古喻今，最后落实到行为主体的一言一行中。此外，孔子设置了"礼、乐、射、御、书、数"的教学内容。显而易见，按照这套教育思想和内容培养出的人才，不仅是道德上的谦谦君子，而且是知书识乐、文行合一、德智兼备的君子。因此，它所蕴含的人文要求就不只是道德方面的，同时也是普遍文化的或"实用理性"的。就此而论，先秦儒家伦理的人格理想及其体现的人文精神，更证实了它是一个以人为中心，以道德之"仁"为本位的道德主体性人文哲学。

二、现实性

强调现实性、主张积极进取是先秦儒家伦理思想的一大特色。把神权崇拜进一步引向重人事和事人，是孔子及其后学对西周以来人道觉醒传统的体认和强化。重人事和事人，必然要求人要立足于现实，更立足于现世，直面人生，积极干预现实，更提倡建功立业，追求道德的自我完善，最大限度地实现自己的人生价值。孔子通过自觉感悟天命警策的态度，致力于仁的完成，表现了强烈的使命感与现实感，体现了极强的进取性和现实性，成为先秦儒家伦理思想的另一鲜明特征。《论语》的诸多篇章中均有孔子关于天命的议论。例如，《子罕》篇记载的"子罕言利与命与仁"一句一语道明孔子很少讲利，却屡屡讲命，讲仁；《为政》篇记载孔子说："三十而立，四十而不惑，五十而知天命"。孔子所言的"天命"或"命"，不是人格神，不是外在意志的显现，这已是学者们的共识，但"天命"究竟是什么？我们以为，

"天命"是自觉于使命和现实的一种感情。孔子把天命悬之甚高,自谓"五十方知天命",那么,天命所示为何?"道之不行于世"即是他从天命那里领悟到的意义。《微子》篇记载孔子受隐人之讥,其情无人能解,唯弟子子路道出自己的心声:"不仕无义。长幼之节,不可废也;君臣之义,如之何其废之?欲洁其身,而乱大伦。君子之仕也,行其义也。道之不行,已知之矣。"

宋儒作注曰:"仕所以行君臣之义,故虽知道之不行而不可废。""道之不行,已知之矣"一语道出了"天命"所示的实际内容。《宪问》中也记载了孔子的话:"道之将行也与,命也;道之将废也与,命也。""道之不行"即仁政之道不行。孔子十分清楚他的时代仁政之道不能实现,但仍主张道"不可废","知其不可而为之"是孔子强烈的使命感使然。孔子弟子认为,"天下之无道也久矣,天将以夫子为木铎。"虽然天下无道已久,但天却通过他警策人世间,通过他振兴大道。"天之将丧斯文也,后死者不得与于斯文也;天之未丧斯文也,匡人其如予何?"在孔子看来,周代文化因自己而存续,虽经艰难也在所不惜,因而其义无反顾地将体现天道、大道的周代礼乐文化的延续使命承担了起来。孔子这种"知其不可而为之"的做法,显示了伦理"本体"高于现象界的认识,显示了人的使命不屈从于因果的自由,也显示了孔子言"天命"的真实动机,即通过"天命"赋予人们替天行道的使命。天命代表使命的力量所在,孔子首倡的这种积极入世、知其不可而为之的进取精神,为后世所继承。孟子从忧患意识来阐发自己的进取精神。他说:"是故君子有终身之忧,无一朝之患也。乃若所忧则有之:舜人也,我亦人也。舜为法于天下,可传于后世,我由未免为乡人也,是则可忧也。忧之如何?如舜而已矣。"通过与圣人对比,孟子产生了己不如人的心理压力,所以下决心向圣人学习,为实现自己的人生价值而奋斗。当然,忧患与进取之间并不具备必然的联系,但进取却往往来自忧患意识的压力,所以儒家特别提倡忧患意识。《荀子·大略》中记载了孔子和子贡的一段对话,子贡认为人生在世,实为辛苦,希望能稍事歇息,然而孔子说:"'望其圹,皋如也,巔如也,鬲如也,此则知所息矣。'子贡曰:'大哉!死乎!君子息焉,小人休焉。'"因此,人不可苟生,亦不可徒死,君子应当自强不息,奋斗不已,直至生命的结束。

先秦儒家立足于现实,却又怀着神圣的使命感和忧患意识,强调人应当在有限的生命内积极进取,不可苟活,不可徒死,即孔子所谓的"君子疾没世而名不称焉",以免碌碌无为虚度平生,以"发愤忘食,乐以忘忧,不知老之将至"的乐观态度去面对生活,以刚健有为的进取精神去鼓励自己,充分实现自己的人生价值。

三、和谐性

追求和谐、注重群体价值也是先秦儒家伦理思想的一大特色。先秦儒家的政治理想是建立一种和谐有序的社会环境,其实现理想的方式是温和的改良,而不是急风暴雨式的骤变。反映在伦理思想中是把自然和人事的和谐统一、个体与群体的和睦共处作为立身处世的终极目标。人与自然的关系,在先秦时期以天人关系为主要表现形式。随着人类理性的不断觉醒,人们对天的认识也在不断发生变化。夏商时期的"天",是一个主宰生灵万物的神,人们只能战战兢兢地屈服在它的淫威之下无所作为;西周时期的"天",是一个主宰人间世界的有意志的人格神,地上的国君以"德"配天,对万民实行统治;春秋战国时期,社会的剧烈动荡,"天降万物""天生垂民"的观念逐步为"自然者天地"所取代。虽然在这个过程中,一些保守的人仍然敬畏、崇信天命神道,仍然相信神灵的主宰,但是总的趋势是朝着理性的方向发展的。人们从对天的原始的恐惧逐步走向对自然的天的认识,努力寻求人与天的契合点,而且多数思想家都认为天人存在着合一的契机,认为人事不决定于神意天命,因为天命是依人的意志而行,人的意志决定天命神意。儒家的代表人物对天命的看法也持理性的态度,认为天与人之间存在着合一的

第六章 儒家伦理思想的当代价值

契机,即使是主张天人相分的荀子,也丝毫没有割断天人之间的关系。从"人最为天下贵"的认识出发,荀子认为,人完全可以与天地相参,实现天人和睦相处。具体说来,就是"草木荣华滋硕之时,则斧斤不入山林""鼋鼍鱼鳖鳅鳣孕别之时,罔罟毒药不入泽""春耕、夏耘、秋收、冬藏,四者不失时,故五谷不绝,而百姓有余食也。污池渊沼川泽,谨其时禁,故鱼鳖优多,而百姓有余用也。斩伐养长不失其时,故山林不童,而百姓有余材也。"荀子认为,只要顺从自然规律,人们就会丰衣足食,他的这种思想在《易经》亦有反映。《易经·文言传》将其概括为"夫大人者,与天地合其德,与日月合其明,与四时合其序,与鬼神合其吉凶,先天而弗违,后天而奉天时"。显而易见,先秦儒家在自然与人的关系上主张的是"合",而不是"分"。合的方式是在对自然规律的把握基础之上的顺应和利用,即荀子所说的"所志于天者,已其见象之可以期者矣;所志于地者,已其见宜之可以息者矣;所志于四时者,已其见数之可以事者矣。所志于阴阳者,已其见知之可以治者矣。"在儒家代表人物的思想中,没有透露出任何对大自然进行控制和征服的意味。他们重视人的主观能动性,但这种能动性只是从对自然规律的掌握和利用的意义上而言,通过对自然的合理利用,实现天人合一的目的。

在个体与群体的关系即人与社会的关系上,先秦儒家把求"和"作为处理个体与群体关系的基本准则。《尚书·多方》中说:"自作不和,尔惟和哉!尔室不和,尔惟和哉!尔邑克明,尔惟克勤乃事。""时惟尔初,不克敬于和,则我无怨。"意思是说,身不和则心不静,家不和则事不顺,邑不和则政不宁。因此,"和"是修身、齐家、治国、平天下的根本原则。孔子继承了中国古代这一道德传统,提出"礼之用,和为贵。先王之道,斯为美。"指出道德的根本作用就是"和","和"是一切伦理道德的精髓。孔子认为,实现"和"的方式就是严于责己,宽以待人,所以他说:"躬自厚而薄责于人,则远怨矣。"意思是说,对自己要求严格,而很少责备他人,自然也就远离恩怨了。孟子亦说:"爱人不亲,反其仁;治人不治,反其智;礼人不答,反其敬。行有不得,皆反求诸己。"即任何行为如果没有达到预期的效果都要反躬自责,从自己的身上找原因。荀子则说:"故君子之度己则以绳,接人则用抴。度己以绳,故足以为天下法则矣;接人用抴,故能宽容,因众以成天下之大事矣。"以仁治人,以义治我,这样做的目的在于使个体与群体和睦相处。对此,唐代思想家韩愈在《原毁》一文中大加赞赏,他说:"古之君子,其责己也重以周,其待人也轻以约。重以周,故不怠;轻以约,故人乐为善。"先秦儒家严以责己、宽以待人的积极人生态度,不仅涉及做人的美德、修养,而且涉及与他人的伦理意义,包含着对他人的理解与尊重。然而,在当时个体只有修身克己的义务,通过道德修养提升自己的思想境界,没有追求个人利益和意志自由的天地。群体的利益是个体行动的出发点,个人的价值只有在维护社会整体利益的过程中才能实现,这是儒家人生哲学求和导致的必然结局。中国古代家国同构的社会结构特征,决定了先秦儒家伦理思想必然走向注重群体的价值取向上来。在所谓的群体价值取向中,最主要、最基本的群体就是家族。社会最基本的伦常就是从血缘家庭关系中直接引申出来的。儒家道德最为重视的"五伦"即君臣、父子、夫妇、兄弟、朋友,其中君臣为父子关系的推演,朋友是兄弟关系的转换。"有男女,然后有夫妇;有夫妇,然后有父子,有父子,然后有君臣;有君臣,然后有上下;有上下,然后礼仪有所错"就是它的道德思维逻辑。这种理论逻辑所产生的就是以仁义礼智为核心,以家庭为本位的道德学说。追求社会的和谐有序,从一定意义上来说,就是追求一个个家族的和谐有序。

第四节 儒家伦理思想的当代价值

回顾中国历史就会发现,无论是儒家思想,还是西方伦理思想,或者马克思主义伦理思想都对中国的发展发产生了巨大的影响。它们因其各自独特的产生背景，有其各自的特殊性，因而我们不能简单地得出儒家思想就一定比西方伦理思想优越的结论，而是要正确地看待儒家思想的地位及作用。笔者认为，儒家伦理思想的精华，是其教会了我们怎样做人，做一个什么样的人，以及怎样对待他人与国家。随着市场经济的迅速发展，我国在道德领域出现了一系列的问题，主要表现在个人道德、家庭道德、职业道德、社会道德等诸多方面，而儒家伦理思想中的精华对解决这些问题具有十分重要的现实意义。

一、有助于个人道德理想的建立

在当今社会，有一些人存在着个人道德理想错位甚至是虚无的问题。在这些人心中，他们宁可成为一个富有而无道德的人，也不愿意成为有德而清贫的人。而有这种心态的人的义利观往往是错位的，在他们眼中利益重于一切，而利一义二必然导致整个社会的浮躁，道德作用被弱化，个人理想迅速物质化，进而使人产生"一切向钱看"的思想。那么，到底应该做一个什么样的人呢？笔者觉得我们要有正确的认识，我国古代儒家先哲如孔子、孟子等人为我们树立了"君子"的伟大形象，就是告知我们应该做个"仁义"之人。这或许对我们今天个人理想的形成有一定的指导意义。

(一) 儒家之"仁"对个人博爱精神的培养

就个人道德而言，我们应追求儒家所倡导的"仁"与"义"。"仁"要求我们应该知道，我们每个人并不是这个社会的全部。我们今天的成功很大程度上是个人努力与他人奉献相互作用的结果，而我们往往将成功归于自己的努力，但却很少想到他人的奉献。例如，父母、师长、朋友等对自己所起到的重要作用。因此，我们应当孝敬父母、尊敬师长、尊重朋友，而将这些推之开来，我们应当想到，我们工作、生活、学习的社会，正是由千千万万的人勤恳工作才会进步，而只有社会进步我们个人才有施展才华的舞台，所以我们应当用感恩的心来回报社会、回报他人。

（二）儒家之"义"对个人道德操守的作用

儒家所要求的"义"，就是要求我们在物欲横流的现实社会中保持清醒的头脑，在牟取个人利益前先想一想这些利益是否符合道德的要求，而不要被金钱所迷倒，能够切实做到不谋不义之财。推之开来，不仅要求自己不谋不义之财，而且要求在看到他人谋取不义之财时能够挺身而出，做到见义勇为甚至舍生取义。孟子建立在性善论基础上说羞恶之心是人皆有之的义（道德）之始端，任何人都可接受以知耻为起点的达仁明义的道德教育，使其成为道德高尚的圣人。如果人无羞耻之心，则说明其已无基本的道德意识而近于禽兽，那么就失去了对之后天培育的可能或前提。现阶段，我们应当在社会中进行深入而广泛的荣辱观教育，使得个人在是非观念问题上保持清醒。

二、有助于家庭关系的和谐

现今社会中的家庭与古代社会中的家庭有着巨大的不同。当今的中国家庭是一夫一妻制，而且大多数家庭是独生子女。然而，独生子女的个人道德培养在许多家庭都出现了问题，有些独生子女从小养尊处优，没有经历过艰苦环境的磨炼，没有兄弟姐妹，使得其以个人为中心，做人自私自利，不懂得孝敬父母、尊敬师长、爱护他人。这些人进入社会后，往往表现为个人能力很差，不懂得尊重他人，没有集体观念。

（一）儒家"爱亲"思想有助于家庭关系的和谐

笔者认为，先秦儒家伦理思想对当代家庭关系的和谐具有重大作用。首先，儒家伦理思想精华"仁"的第一要求就是"爱亲"，即产生于血缘亲情的真挚感情。这就要求夫妻双方要有真挚的感情，而非基于金钱、地位的利益结合。只有产生于爱情的婚姻才能长久，才会大大降低家庭暴力的发生率和离婚率。其次，父母子女之间的仁爱，就要求长辈要关心子女的成长，不能遗弃子女，而子女要怀着恭敬之情爱父母，只有这样整个家庭才会和谐安定。此外，先秦儒家思想认为孝悌是仁的基础，孝不仅限于对父母的赡养，而且还包括对父母和长辈的尊重，认为如缺乏孝敬之心，赡养父母也就视同于饲养犬，乃大逆不孝。

(二) 儒家"义"的思想有助于家庭伦理规范的形成

先秦儒家伦理思想精华"义"要求在家庭关系中也应该遵守一定的道德准则。第一，在夫妻关系中，要忠诚于对方。第二，在父母对子女关系之中，父母不但要爱护子女，而且要对子女进行道德教育。父母是子女的第一任教师。当代社会，许多家长仅关注子女的身体健康、学习成绩，却从不关心孩子的道德成长，这样做是不对的，不利于子女的健康成长。第三，在子女对父母的关系中，先秦儒家思想强调，子女孝顺父母是天下第一大义。孝顺父母是仁和义在家庭关系的体现，孔子特别强调孝顺父母要发自真心。对于那些只给父母食物而对父母不关心的人，孔子认为那和养猫狗没有区别，这一思想在当今社会具有极大的意义。当今社会生活节奏加快，许多家庭的子女在外工作，有些人仅仅给父母寄生活费，而对父母生活很少关心。更有甚者宁可每月花费上千元去养狗，也不愿意去养父母，自己的狗病了送到宠物医院伤心欲绝，自己的父母病了却不闻不问。这些人的所作所为，都是儒家所唾弃的不义行为。

三、有助于职业领域敬业精神及服务意识的培养

(一) 现代职业教育的道德缺失

在教育领域，过去学校一直重视学生的学习成绩以及升学率，而忽视学生的道德及社会责任教育，最后造成的结果就是在现代社会中许多学生的学习成绩虽然很优秀但是思想品德很差。前些年，清华大学的一位学生用硫酸泼狗熊，当警察询问动机时，他竟然回答："我看狗熊比较笨，所以拿硫酸泼它。"这哪里是中国重点大学的学生应具有的道德水平啊，如果因为某个动物比较笨，你就可以去伤害它，那么是不是当有一个人比你笨时，你也可

以欺负他。这其实是许多大学生的真实写照。许多学生学习成绩优秀,却将自己所学的知识用于违法犯罪,他们中有利用计算机知识进行诈骗的、有利用化学知识制造毒品的、有利用所学的知识制造假钞的、有用商业知识组织传销的,甚至还有公安学院的学生利用所学知识来犯罪的。这就导致在社会中有四种人。第一种是德才兼备者。这种人有能力也乐于为社会做贡献,而培养这种人是我们职业教育所努力的方向。第二种是有德无才者。这种人虽然乐于为社会做贡献,但是碍于自己才能不及,所以也是有心无力。第三种是无德无才者。这种人虽然是社会的破坏力量,但是由于力量有限,所以破坏力并不是很强。而第四种人则是最可怕的,就是有才无德者。这类人掌握许多先进的知识却因为没有道德,往往将这些知识用于违法犯罪,其破坏力非常巨大。用更加通俗的话讲就是,第一种人是想干什么好事都能干成的人,第二种人是想干什么好事却干不成的人,第三种人是想干什么坏事却干不成的人,第四种人是想干什么坏事都能干成的人。我们当代大学教育的方向应该是努力将学生塑造成第一种人,决不能让学生变成第四种人。

我们说,才能并不是衡量一个人的唯一标准,且才能只有同道德一起才能发挥良好的社会作用,而只有才能没有道德是一种最大的恶,有才无德者更恶于无才无德者。

(二) 儒家"仁义"观对敬业精神的培养

在职业道德建设领域,虽然社会中有千千万万种职业,且每种职业都有自己的职业道德要求,但是几乎所有的职业都是与人有关的,也就是说是服务于人的。因此,我们要用"仁"的要求去爱护所服务的人。例如,教师应该爱护学生,医生应该爱护病人。职业道德规范有千百种,但是每种职业都有特定的服务人群。如果我们对这些服务对象都能做到仁,那么我们就能达到具体的职业道德的要求了。

儒家所倡导的"义"要求我们应该以社会公德与法律来衡量每一个职业人的行为,不能为了个人利益而损害相对人的利益。我们判断"义"的标准是社会公义,而不是个人利益或者是小集团的利益,应当以整个社会物质财富的增加与社会良好道德风尚的形成来判断该职业人的行为是否符合"义"的标准。

例如,作为教师,应该以培养德才兼备的学生为"义",作为律师,不应以收取律师费的多少而应当以整个社会公平正义的实现为最大的"义",作为医生,应该以病人的健康为最大的"义",作为商人,应该以整个社会的财富增加、以良好的"公平诚信"商业道德的信守为最大的"义"。职业虽不同,但每种职业都有其存在的价值,这种价值正是"义"的要求。因此,能够切实完成职业使命就是最大的"义"。

(三)特殊职业的服务意识养成

当前,我们特别要注意特殊职业群体的敬业精神与服务意识的养成的重要性。这些特殊职业从业者,如司法人员、执法人员的不道德行为对社会伤害尤其巨大。我们经常可以从报刊、电视上看到城管人员野蛮执法,甚至与小商贩在闹市大打出手,这些不文明的执法行为,既是对法律的玷污,也是对其职业的侮辱。我们都知道,城市管理人员存在的目的就是为了使整个城市更加文明,因此对于不文明的行为必须用文明的方式去劝阻,或者通过正规程序进行处罚,而绝非简单地以暴力制止暴力。司法人员因为掌握国家公权力,其不道德甚至是违法的行为对整个社会的道德建设将会产生极大的损害。因此,儒家思想的"仁"、"义"对特殊职业人群的敬业精神养成具有极大的教育意义。

特殊职业人群必须认识到自己不是管理者,而是服务者,是为整个社会服务的,而他们手中的权力来自被服务者,只有这样才会产生对被服务者的"爱"。当每一个人都爱自己的职业,爱自己所服务的社会,那么整个社会的敬业精神及服务意识也就产生了。

四、有助于人与社会的全面发展

如果说在个人道德领域我们需要反思的是做怎样的人,那么在社会公德建设领域我们应该反思的是我们需要怎样的发展，需要什么样的社会公德。

儒，就其字形来看是人和需。因此，儒家就是解决人需要什么和我们需要成为什么样人的问题，所以笔者认为，当今社会发展必须真正搞清楚人和社会需要什么，以及需要什么样的人和社会。儒家思想精华为我们找到了解决这些问题的药方。"相亲相爱就是仁，遵纪守法就是义。没有仁，人类不可能存在与发展。没有义，社会想存在和发展，恐怕也是不可能。"

（一）先秦儒家伦理思想对诚信社会建设的意义

儒家思想特别重视诚信对社会的重要作用。信，指待人处事诚实不欺、言行一致的态度，为儒家的"五常"之一。孔子将"信"作为"仁"的重要体现，称其是贤者必备的品德，凡在言论和行为上做到真实无妄，便能取得他人的信任，当权者讲信用，百姓也会以真情相待而不欺上。此外，诚信作为"仁"的重要意义在于，诚信是人与人之间真实情感的流露而真诚并相互信任是爱的开始也是爱的重要体现。政府和企业都应当认识到真诚的社会环境不仅有助于精神文明的提高，而且也有利于经济社会长远发展。人无信不立。人如此，地方政府更是如此，如果政府长期缺乏诚信，朝令夕改不仅会使经济遭受损失，还会对公信力产生负面影响。

（二）先秦儒家伦理思想对社会全面发展的意义

儒家伦理思想要人切实做到爱己、爱人、爱自然。爱自己、爱父母、爱朋友这些都能做到，但是爱他人、爱祖国才是儒家思想对我们的更高要求。我们强调的爱他人并不是爱所有人，爱所有的行为，而是要以一定的标准去爱。这一标准就是"义"。凡是符合义的人和事就是我们应当爱的；凡是不符合这一标准的人和行为都应是我们所恶的。我们不但要爱自己、爱亲人、爱他人，还要爱自然，对于我们生存的环境以"仁"的思想去爱。孟子继承并发展了孔子热爱大自然理念，明确提出了"仁民而爱物"的命题，他主张对捕鱼、砍柴等索取自然物的行为采取必要的限制，提出"数罟不入洿池""斧斤以时入山林"等保护生态的措施，说："数罟不入洿池，鱼鳖不可胜食也；斧斤以时入山林，材木不可胜用也。谷与鱼鳖不可胜食，材木不可胜用也，是使民养生丧死无憾也。养生丧死无憾，王道之始也。"这些论述，把保护生态同民众的"养生丧死"结合起来，且作为践行"王道""仁政"的重要环节，表明孟子看到了生态保护同人类生存的紧密关系。只有充分认识到社会公德对于社会经济发展，个人全面发展的重要性时，整个社会的公共道德水平才会有所进步，社会中才会出现人人相爱、人人以义相待、人人爱护自然的美好景象。

  以上便是儒家伦理思想带给我们当代的价值及启示。我们要深入挖掘儒家伦理思想的有利成分为今所用，不断推进社会主义道德建设，培育符合要求的时代新人。

参考文献

[1] 杨伯峻. 论语译注 [M]. 北京：中华书局，2005.

[2] 杨伯峻. 孟子译注 [M]. 北京：中华书局，2005.

[3] 安小兰. 荀子译注 [M]. 北京：中华书局，2007.

[4] 于丹. 《论语》心得 [M]. 北京：中华书局，2006.

[5] 张耀灿，等. 思想政治教育学前沿 [M]. 北京：人民出版社，2006.

[6] 苏振芳. 思想政治教育学 [M]. 北京：社会科学文献出版社，2006.

[7] 余亚平. 思想政治教育学新探 [M]. 上海：上海人民出版社，2004.

[8] 仓道来. 思想政治教育学 [M]. 北京：北京大学出版社，2004.

[9] 张耀灿，等. 现代思想政治教育学 [M]. 北京：人民出版社，2001.

[l0] 焦国成. 德治中国 [M]. 北京：中共中央党校出版社，2002.

[11] 龚群. 以德治国论 [M]. 沈阳：辽宁人民出版社，2002.

[12] 中共中央政策研究室. 论社会主义精神文明建设 [M]. 北京：中共中央文献出版社，2001.

[13] 夏伟东. 道德本质论 [M]. 北京：中国人民大学出版社，1991.

[14] 冯友兰. 中国哲学简史 [M]. 涂义光，译. 北京：北京大学出版社，1985.

[15] 宋惠昌. "以德治国"学习读本 [M]. 北京：中共中央党校出版社，2001.

[16] 唐镜. 德治中国——中国古代德治思想论纲 [M]. 北京：中国文

史出版社，2007.

[17] 陈来. 古代宗教与伦理——儒家思想的根源 [M]. 北京：三联书店，1996.

[18] 罗国杰. 伦理学 [M]. 北京：人民出版社，1990.

[19] 高兆明. 道德生活论 [M]. 南京：河海大学出版社，1993.

[20] 刘广明. 宗法中国 [M]. 上海：上海三联书店，1993.

[21] 罗国杰，夏伟东，等. 德治新论 [M]. 北京：研究出版社，2002.

[22] 吕振羽. 殷商时代的中国社会 [M]. 北京：三联书店，1962.

[23] 王道成. 科举史话 [M]. 北京：中华书局，1988.

[24] 张茂同. 中国历代选官制度 [M]. 上海：华东师范大学出版社，1994.

[25] 王小锡. 以德治国读本 [M]. 南京：江苏人民出版社，2001.

[26] 董国勋. 以德治国方略研究 [M]. 北京：红旗出版社，2003.

[27] 侯树栋. 以德治国概论 [M]. 北京：红旗出版社，2002.

[28] 葛晨虹. 德化的视野 [M]. 北京：同心出版社，1998.

[29] 周桂钿. 中国传统政治哲学 [M]. 石家庄：河北人民出版社，2001.

[30] 李瑞兰，季乃礼. 修身·齐家·治国·平天下新论 [M]. 天津：天津社会科学院出版社，2001.

[31] 朱贻庭. 中国传统伦理思想史 [M]. 上海：华东师范大学出版社，1989.

[32] 中国伦理学会. 以德治国与道德建设 [M]. 保定：河北大学出版社，2002.

[33] 苏希胜. 论"以德治国" [M]. 北京：国防大学出版社，2001.

[34] 周安伯，张秋良，张美娟，李阳. 传统文化与精神文明 [M]. 北京：民族出版社，1999.

[35] 任剑涛. 伦理政治研究：从早期儒学视角的理论透视 [M]. 广州：中山大学出版社，1999.

[36] 潘一禾. 观念与体制 [M]. 上海：学林出版社，2002.

[37] 夏伟东. 道德的历史与现实 [M]. 北京：教育科学出版社，2000.

[38] 郝铁川. 依法治国与以德治国——江泽民同志治国思想研究 [M]. 上海：上海人民出版社，2001.

[39] 罗国杰. 道德建设论 [M]. 长沙：湖南人民出版社，1997.

[40] 王国宇，黄先禄. 为官之道 [M]. 桂林：广西师范大学出版社，1996.

[41] 亚里士多德. 政治学 [M]. 北京：商务印书馆，1965.

[42] 黑格尔. 法哲学原理 [M]. 范扬，张企泰，译. 北京：商务印书馆，1979.

[43] 马克思·韦伯. 新教伦理与资本主义精神 [M] 上海：现代西方学术文库 三联书店，1982.

[44] 麦金泰尔. 德性之后 [M]. 龚群，等，译. 北京：中国社会科学出版社，1995.

[45] 马克斯·韦伯. 儒教与道教 [M]. 王容芬，译. 北京：商务印书馆，1995.

[46] 黑格尔. 历史哲学 [M]. 王造时，译. 上海：上海书店出版社，2001.

[47] J. M. 肯尼迪. 东方宗教与哲学 [M]. 董平，译. 杭州：浙江人民出版社，1988.

[48] 池田温. 中国礼法和日本律令制 [M]. 上海：东方书店，1992.

[49] 赫尔穆特·施密特. 全球化与道德重建 [M]. 柴方国，译. 北京：社会科学文献出版社，2001.

[50] 孟德斯鸠. 论法的精神：上册 [M]. 张雁深，译. 北京：商务印书馆，1961.